MÉMOIRE

SUR LES

PLANTATIONS DES ROUTES, CHEMINS VICINAUX

ET DES

CHEMINS DE HALAGE DES CANAUX.

PAR M. ANGER DE LA LORIAIS, (ISIDORE.)

INGÉNIEUR DES PONTS ET CHAUSSÉES.

PARTHENAY,

IMPRIMERIE LITHOGRAPHIE DE BOUCHET-SAUZEAU.

MÉMOIRE

SUR

LES PLANTATIONS DES ROUTES, CHEMINS VICINAUX

ET DES CHEMINS DE HALAGE DES CANAUX.

PAR M. ISIDORE ANGER DE LA LORIAIS,

ingénieur ordinaire des ponts et chaussées de 2.me classe.

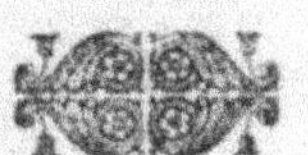

1851.

PARTHENAY, IMP. LITH. DE BOUCHET.

1851

Dedié en témoignage de respect et de recon-
naisance à M. le Comte de Lariboissière, an-
cien pair de France, et représentant du peuple,
élu dans le département d'Ille et Villaine.

INTRODUCTION.

*En commençant ce mémoire je ne comptais pas lui don-
ner autant d'extension, mes souvenirs sont venus se joindre
à mes observations, en sorte que j'ai pu en réunissant mes
notes éparses çà et là dans mon modeste mobilier scienti-
fique d'ingénieur ordinaire, arriver à donner les déréloppe-
ments dont se compose cette notice.*

*Je n'ai point la prétention d'exposer des faits nouveaux,
mon but à été de poser de loin en loin, quelques jalons sur
la route qu'ont à parcourir ceux qui sont appelés à s'occuper des plantations sur les bords de la voie publique.*

*Je ne me suis point occupé des chemins de fer attendu
que n'ayant pas encore été appelé à ce service spécial, il ne
m'a pas été possible de me rendre compte des prix de la
main d'œuvre, de la valeurs des matières dont on a besoin,
puis enfin des frais de transport tant aux abords de ces
voies de communication que sur ces voies mêmes. Si les circonstances me le permettent je me propose de compléter sous
ce rapport mon travail.*

*Je termine ces quelques lignes en réclamant de mes lec-
teurs toute leur bienveillance.*

ANGER DE LA LORIAIS.

Parthenay, le 24 Janvier 1851.

MÉMOIRE

SUR

LES PLANTATIONS DES ROUTES, CHEMINS VICINAUX
ET DES CHEMINS DE HALAGE DES CANAUX.

1° ROUTES ET CHEMINS VICINAUX.

L'administration supérieure ayant recommandé aux ingénieurs les plantations des accottemens des routes confiées à leur surveillance, et qui ont au moins 10^m de largeur en couronnement, j'ai pensé que les personnes qui ont à s'en occuper verraient avec plaisir une note, donnant avec une grande exactitude les divers éléments nécessaires à la rédaction d'un projet de plantation.

Ayant été appelé dans les divers services que j'ai occupés à suivre et à dresser des projets de plantations.

1°. Sur les chemins de Halage et les levées du canal de Nantes à Brest. 2°. Sur les routes dans les départemens des Pyrenées Orientales, et enfin dans celui des Deux-Sèvres, je viens leur présenter le résultat de mes observations.

En vertu de la circulaire ministérielle du 9 Août 1850, je dressai dans le courant d'Octobre de la même année, cinq projets de plantations de peu de longueur chacun, afin que les adjudications eussent lieu à des conditions les plus favorables possibles pour le trésor. Ces projets étaient ainsi repartis.

1

1°. Route Nationale N° 138 de Bordeaux à Rouen , sur une longueur de 11080ᵐ , entre le ruisseau de la Vonne et l'entrée de Parthenay.

2° Route Stratégique N° 1 de Poitiers à Nantes , sur une longueur de 8220ᵐ, entre la limite du département de la Vienne et le pont Gaillard.

3°. id id sur une longueur de 8100ᵐ entre le pont Gaillard et l'entrée de Parthenay.

4°. id id sur une longueur de 7400ᵐ , entre la route Nationale N° 138 et le chemin du Gas-Chabot.

5°. id id sur une longueur de 6820ᵐ , entre le chemin du Gas-Chabot et la limite des Sous-Préfecture de Parthenay et de Bressuire.

Le 1ᵉʳ projet était évalué à 6800ᶠ 00ᶜ

Le 2ᵐᵉ id à 5000 00

Le 3ᵐᵉ id à 4500 00   Total 24800ᶠ00

Le 4ᵐᵉ id à 4500 00

Le 5ᵐᵉ id à 4000 00

Ainsi d'après ce qui précède 41620ᵐ de longueur de route plantée étaient estimés 24800ᶠ, c'est-à-dire que le mètre courant était porté à $\frac{24800}{41620} = 0^{f}595$. Si ces projets eussent été mis en adjudication , nul doute que vu l'avancement de la saison et l'éloignement des pépinières des lieux de plantation , ils n'eussent pû être adjugés qu'au prix du devis.

Le 20 Novembre 1850 un crédit de 5000ᶠ00 me fût ouvert pour plantations sur les routes Nationales N° 138 et Stratégique N° 1. Il me fût enjoint de faire ce travail en régie et en espaçant les arbres de 10ᵐ en 10ᵐ sur la même ligne , puis en plantant à 5ᵐ de l'axe de la route parallement à cet axe.

En suivant l'estimation ci-dessus , j'eus dû pouvoir

planter 8403^m de longueur de route ; je tiens à ce qu'on ne perde pas de vue ce résultat, car je veux prouver que les plantations en grand faites en régie sont moins couteuses qu'à l'aide d'adjudications ; quelque soit du reste le rabais qu'elles produisent.

Pour arriver à faire dans un si court délai , la dépense de 5000^f00 . Je passai un marché avec un pépinieriste de Doué , Maine et Loire , qui s'engagea à me fournir de beaux plants de six à sept ans d'âge, ayant 0^m145 à 0^m18 de circonférence à un mètre du sol, droits et d'une belle venue . Je me réservai la faculté de les refuser sur les lieux de Plantation.

Les prix convenus étaient les suivants:

Peupliers de diverses espèces à 0^f40^c l'un.
Platanes . . . . à 0,80 id
Chataigniers . . . . à 1,10 id
Ormeaux . . . . à 0,80 id
Chênes . . . . à 1,15 id
Hêtres . . . . à 1,15 id

Tous ces plants devaient m'être livrés dans la cour du vendeur , en sorte que le transport de Doué à Parthenay, était à la charge de l'administration , opération qui figurera pour une partie considérable dans les frais de mise en place de chaque plant, attendu que Doué est à 80 kilomètres de Parthenay . Telles sont les conditions où je me suis trouvé pour faire mes plantations.

Un tel travail exige , tout le monde le sait: 1e. La façon des trous . 2e. L'achat des tuteurs. 3°. L'approvisionnement de la terre végétale , dans les lieux où le sol des accottements est de mauvaise qualité . 4°. La mise en place de l'arbre qui est du ressort du jardinier . 5°. L'achat des épines pour défendre le plant de la dent des animaux . 6°. L'achat des harts en bois de chêne et du fil de fer N° 10 , recuit pour opérer les ligatures. 7°. L'achat de la paille pour servir de coussin au plant contre le tuteur. 8°. L'enbuissonnement du plant. 9°. Enfin le terrassement à faire au pied du plant. Si on veut qu'une plantation réussisse, il faut indispensablement avoir égard à touts ces détails, et veiller à leur exécution ; c'est ce que je me suis appliqué à faire, afin de pouvoir me rendre, un compte exact de cette opération de mise en place du plant dans toutes ses phases.

Vu la grosseur moyenne adoptée pour les plants, la mise en place produit la même dépense quelqu'en soit l'essence. Ainsi il sera facile dans les pays boisés, tel que le département des Deux-Sèvres, où les tuteurs en bois de Chataignier, les épines, les harts sont trouvés facilement à peu de distance des routes, de se rendre compte de la dépense exacte d'une plantation de quelqu'essence qu'elle soit, sur les acccottements d'une route.

Je vais passer en revue promptement les diverses opérations énumérées.

1°. FAÇON DES TROUS.

Pour faire les trous promptement, afin de tirer parti le mieux possible du temps des ouvriers, il faut que le piquetage soit fait avant de les mettre en chantier. Les piquets ne doivent pas être mis à la place que doit occuper le plant, mais à 1^m de distance sur la même ligne, afin d'avoir plus tard un repère tout trouvé, pour mettre en place les arbres. Chaque trou a eu 1^m en tout sens pour la section horizontale, sa profondeur a varié de $0^m 60$ à $0^m 80$ suivant la nature du sol de l'accottement. Il est clair que plus le sol est de mauvaise qualité, plus le trou doit avoir de profondeur, afin de donner au plant, plus de terre végétale pour le développement des petites racines. Lorsqu'on fait faire ces trous, il faut avoir soin de diviser les déblais en deux classes. 1°. En terre végétale propre à recouvrir les racines. 2°. En terre propre seulement à faire la motte au pied du plant, pour lui donner plus de solidité. Les dimensions affectées à chaque trou

sont suffisantes, attendu qu'un plant de la grosseur adoptée ci-dessus , ne présente de périmètre , lorsque ses racines sont taillées avec soin et intelligence que 1^{m}50 à 1^m
80 de développement , ce qui donne un diamètre moyen
de 0^{m}50 à 0^{m}60. Il reste donc 0^{m}20 à 0^{m}25 de jeu de
chaque côté pour placer le plant convenablement , et
donner aux petites racines , une couche de terre végétale
suffisante , nouvellement remuée afin d'accélérer leur
prise.

Un bon ouvrier ne peut en moyenne que faire 5 trous
par jour à 1^{f}35^c l'un , on a pour prix moyen d'un trou
0^{f}27^c , on ne doit pas oublier que l'époque de ce travail,
est celle où les jours sont les plus courts , et où l'ouvrier
a le plus de motifs d'être dérangé de son occupation. Dans
certains terrains la façon du trou est descendue à 0^{f}20^c
et 0^{f}25^c de même , que dans d'autres elle à monté jusqu'à 0^{f}30^c et 0^{f}35^c. Si on pouvait faire ces trous comme
pour les plantations sur les canaux dans la belle saison ,
la façon descendrait à 0^{f}15^c et 0^{f}18^c. Mais sur les route,
à cause des dangers que ces trous offriraient aux voyageurs et aux voituriers. Tout ce qu'on peut faire, c'est de
les préparer deux semaines avant la mise en place du plant.

Quant à la journée du terrassier , elle ne peut être
moindre que de 1^{f}35^c , attendu que , dans le département
des Deux-Sèvres, le terrassier dans la belle saison se paye 1^{f}40^c à 1^{f}50^c . C'est le prix moyen dans toute la France . Il n'est payé dans l'intérieur de la Bretagne , pour
des motifs qui ne trouveraient pas leur place dans cette
note que 1^f à 1^{f}25^c ; mais cette contrée, est en France ,
heureusement une exception. Ainsi en fixant à 0^{f}27^c le
prix de façon d'un trou dans les dimensions indiquées ci-
dessus , on est dans une moyenne parfaite pour servir
d'évalution.

2° DES TUTEURS.

Les tuteurs sont indispensables sur les routes lorsqu'on

n'étête pas le plant, opération qu'on doit se garder
de faire à mon avis. Cette opération s'est faite sur certaines routes des départements du centre et du Nord de la
France elle est vicieuse : 1°. Parcequ'elle enlève au plant
son plus bel ornement, et le moyen le plus actif qu'il ait
pour se développer. 2°. Sous le rapport de l'entretien et
de la conservation de la chaussée, on lui donne une mauvaise forme, attendu qu'on le transforme en têtard. Ce
qui a pour résultat de s'opposer à la ventilation de la
chaussée et à l'arrivée sur cette partie de la route des ra-
yons solaires, circonstances que dans les départements
pluvieux, on doit au contraire chercher à obtenir. Si le
plant conserve sa tête, il lui faut nécessairement un tuteur pour l'empêcher de se déverser, lorsqu'il est chargé
de feuilles et qu'un ouragan surgit. En outre comme
conservation du plant, le tuteur est utile en s'opposant à
la formation d'un large trou au pied de l'arbre, par où
s'introduisent les eaux pluviales sur les racines, et qui ne
tardent pas à les faire pourrir pendant la mauvaise saison, si on n'a pas soin de le remplir en foulant du pied
la terre qui garnit les racines. Les tuteurs que j'ai employés et qui paraissent satisfaire à la grosseur du plant,
étaient en bois de Chataignier de 4^m de longueur, et de
0^{m}20^c de circonférence à un mètre du sol. Ces tuteurs
m'ont coûté rendu sur la place 0^{f}40^c l'un, y compris
l'affûtage, c'est-à-dire l'opération qui consiste à leur faire une pointe de 0^{m}20^c à 0^{m}25^c pour les faire entrer le
plus profondément possible dans le sol, et leur donner
ainsi plus de solidité.

3°. MISE EN PLACE DES TUTEURS.

Les tuteurs se mettent en place avant le plant, car autrement on endommagerait les racines de l'arbre, puis
en outre il serait impossible de lui donner la solidité nécessaire; ce sont les tuteurs que l'on met suivant la ligne

que l'on a piquetée à l'aide des petits piquets de repère enfoncés dans l'accottement au niveau du sol, et dont on a parlé plus haut. Pour établir solidement un tuteur, on fait un trou à l'emplacement qu'il doit occuper, à l'aide d'une barre de fer, le manœuvre l'y fait entrer ensuite le plus profondément qu'il peut. Pour enfoncer un tuteur et le mettre dans la ligne tracée il faut deux ouvriers.

En faisant cette opération avec tout le soin désirable, deux hommes ne peuvent placer par jour que 100, tuteurs, ce qui fait revenir chaque tuteur à 0ᶠ027 pour la mise en place seulement.

4° MISE EN PLACE DU PLANT.

Les tuteurs mis en place sur une certaine longueur, le jardinier place ensuite ses plants. Cette opération est faite de la manière suivante. Un aide jardinier taille les racines et les tiges des plants, ainsi préparés ils passent ensuite dans la main du jardinier aidé de trois manœuvres, afin de tenir l'arbre et garnir les racines de terre. Je ne donnerai aucun développement sur cette opération, attendu que l'emploi d'un jardinier m'en dispense. Dans la mise en place on doit comprendre le temps passé à faire la ligature inférieure avec un hart, en sorte qu'il n'en reste plus que deux à effectuer. Un jardinier, son aide et trois manœuvres, peuvent mettre en place 100 à 110 plants de la grosseur indiquée ci-dessus par jour. Or le jardinier et son aide m'ont coûté 7ᶠ, les trois manœuvres à 1ᶠ 35ᶜ l'un 4ᶠ05ᶜ. Ainsi les 110 plants pour leur mise en place reviennent à 11ᶠ05ᶜ, c'est-à-dire à 0ᶠ 10ᶜ l'un. Je reviendrai plus tard sur cet objet pour examiner si dans des plantations beaucoup plus étendues que celles que j'ai faites, on ne pourrait diminuer cette dépense de main d'œuvre et en fixer le montant.

5°. FIXATION DU PLANT AU TUTEUR.

Pour fixer un plant à son tuteur, il faut employer un petit coussin de paille entre le tuteur et l'arbre, pour que sous l'action du vent ce dernier ne soit pas endommagé, puis ensuite un autre coussin entre la ligature et le plant pour le même motif. Ainsi à chaque ligature, il faut deux coussins en paille, ce qui fait six par plant : attendu que le plant est lié au tuteur en trois points différents. Ces coussins en paille sont préparés d'avance et ont $0^m 12^c$ à $0^m 15$ de longueur puis $0^m 10$ à $0^m 15$ de circonférence au milieu. Un ouvrier adroit en peut faire 300 par jour, en sorte que la dépense par plant pour façon des coussins en paille est $\dfrac{1,31 \times 6}{300} = 0^f 027$ Les ligatures sont faites avec des tiges très flexibles de chêne qu'on nomme harts, elles ont en moyenne $1^m 25$ de longueur. Il faut en général une par ligature, rarement avec deux on garnit un plant. Ces harts m'ont été vendues à raison de $1^f 25^c$ le le paquet de cent, mais il me restait à les tailler et à les preparer pour servir de ligature. Un ouvrier peut en préparer pour être mises en place, aussitôt qu'il les livre 160 par jour, en sorte que la façon des harts et leur achat coutent par plant $\dfrac{3 \times 1^f 25^c}{100} + \dfrac{3 \times 1^f 35^c}{160} = 0^f 063$. Ces petits travaux préliminaires faits, il reste à employer les coussins en paille et les harts. Pour remplir cette dernière phase du travail, il faut deux ouvriers, l'un tient le plant serré contre le tuteur, et l'autre place les coussins en paille et effectue les ligatures, qui sont au nombre de trois placées comme il va être dit. Il ne reste plus à ces deux ouvriers que deux ligatures, attendu que celle effectuée au pied du plant, est faite lors de sa mise en terre.

La 1ère est mise à $0^m 30$ au moins du sol, la 2me au milieu de la longueur qui existe entre le sol et le collet du plant, enfin la 3me au collet ; en sorte que le plant est invariablement fixé à son tuteur. Ce mode de ligature s'il est fait par des ouvriers adroits dureut fort longtemps , et même si le plant se trouve dans un bon sol , on est obligé si on ne veut pas s'opposer à sa croissance, de les enlever avant qu'ils soient pourris.

Deux hommes peuvent lier ainsi qu'il vient d'être dit 100 plants par jour , en sorte que cette main d'œuvre revient à 0ᶠ027 par plant . Dans ce prix se trouve compris le transport des outils et des échelles , puis celui des harts . Je reviendrai plus tard sur la dépense en fourniture de paille des harts qu'exige cette opération. On doit faire observer que si le plant est bien droit , deux ligatures suffisent , mais c'est assez rare, il vaut mieux compter sur trois.

6°. ENBUISSONNEMENT.

Après l'opération qu'on vient de décrire , on passe à l'enbuissonnement des plants . Cette disposition est indispensable pour conserver sur les routes , les plants soit de la dent des animaux , ou du frottement que ne manqueraient pas d'y opérer les bestiaux des riverains , en allant au champ. L'enbuissonnement est un excellent moyen pour conserver aux racines le fraicheur qui leur est nécessaire en Été , attendu que grâce à ces épines , la terre aux pieds des arbres n'est jamais fortement tassée , et la moindre pluie dans la saison des sécheresses arrive, quoique lentement il est vrai , à travers les épines jusqu'aux racines , tandisque sans elles , elle s'écoulerait de de dessus la motte de terre qui garnit le pied du plant pour tomber dans le fossé de la route.

Ce mode de préservation des plants n'est pas très propre et pour présenter un aspect de propreté passable , il exige beaucoup de soin . Sur les promenades pul liques et sur les quais des canaux ou des ports de mer qu'on plante , on défend quelquefois les plants d'une manière beaucoup plus belle , mais plus dispendieuse et moins favorable au développement du plant. Le mode dont je parle et le plus économique , consiste à enfermer le plant depuis le sol jusqu'au collet dans une sorte de tuyau en prisme triangulaire droit 0"10 à 0"15 de côté . Les faces de ce prisme sont en bois très mince et très léger et porte dans le commerce le nom de Volige . Les trois faces sont réunies l'une à l'autre à l'aide de ligature en bois de chêne ou en fil de fer. Le grand inconvénient de ce mode de défense que j'ai vu employer par un de mes camarades au canal de Nantes à Brest , moyen auquel il a été forcé de renoncer malgré la grande dépense qu'il avait faite , consiste dans l'empêchement qu'on fait éprouver à l'air d'arriver le long du tronc du plant. Dans ce mode l'arbre parait très vigoureux extérieurement et à la tête tandis qu'il ne se développe point en grosseur au tronc , et même il arrive souvent que la tête étant trop chargée, l'arbre sous l'effort du vent se rompt au niveau du dessus du tuyau qui l'entoure; quand le mal n'arrive pas jusque là, il arrive rarement que l'arbre malgré les tampons de paille qu'on peut placer ne soit pas rongé au collet par son frottement sous l'action du vent sur, l'arête de la section supérieure du prisme qu'on a placé pour le défendre . Ainsi on doit bannir dans les plantations le mode de défense à l'aide d'enveloppes , même fussent-elles mal jointives . Si c'est sur un lieu public très fréquenté, on doit mettre l'enbuissonnement plus épais , et en renouveler les ligatures plus souvent. Tout se borne à un peu plus d'entretien , mais l'arbre met en revanche moins de temps à se débarrasser de cet entretien . Le public , s'il y trouve un aspect moins agréable , jouit plus promptement de l'ombrage de la plantation , ce qui est à mon avis bien préférable . Je reviens à mon sujet.

Les épines pour l'enbuissonnement des plants m'ont été vendues par fagot de 1^m 30 circonférence à raison de 18^c le cent , en moyenne. L'enbuissonnement se fait à partir du sol sur une hauteur qui varie de 1^m 30 à 1^m 50 suivant que les épines sont plus ou moins longues . Elles

sont fixées contre le tuteur au moyen de fil de fer N° 10 ,
recuit pour lui donner plus de souplesse . On met 2 ou 3
ligatures à chaque plant , cela dépend évidemment de la
hauteur de l'enbuissonnement. Pour faire ce travail il faut
deux hommes , l'un serre fortement an moyen d'une cor-
de composée de quatre ou cinq fils de fer et terminée à
chaque bout par une poignée en bois , les épines contre
le tuteur , cela fait , le second ouvrier peut sans effort
opérer sa ligature. Deux hommes habitués à ce travail
peuvent enbuissonner complètement , c'est-à-dire placer
les épines et faire les ligatures 30 plants par jour , ce
qui fait revenir cette opération à 0,09 par plant . Je reviendrai plus tard sur la dépense des matières employées.

Pour soutenir les épines au pied du plant et même pour
solidifier le tuteur , on termine la plantation en garnissant
tout le systême de terre sur 0,30 de hauteur, on lui donne la forme d'un cône tronqué , dont la base supérieure
à 0ᵐ60 de développement et la base inférieure 3ᵐ00 .
Deux ouvriers quand ils ont la terre à pied d'œuvre comme cela a lieu presque toujours peuvent garnir 60 plants
par jour , ce qui donne une dépense de 0ᶠ45 par plant
pour ce dernier travail. cela fait l'arbre est complètement
abandonné. Si l'arbre n'est pas très droit c'est-à-dire bien
aligné ; il est redressé par un atelier de deux hommes ,
qui font cette opération avant celle qu'on vient de décrire
mais les frais minimes qui en résultent sont compris parmi les faux frais, parcequ'on ne peut s'en rendre compte.

7: DU TRANSPORT.

Les plants m'ont été transportés de Doué à Parthenay
par une voiture à trois chevaux expédiée pour cet objet
seulement . Il fallait quatre jours à 18ᶠ par jour , pour
transporter 300 plants de la grosseur indiquée plus haut.
On eut pû transporter un poids plus fort mais le grand
volume que présente un chargement de ce genre si on

opposait. A l'époque où les plantations se font, les routes sont en général couvertes de matériaux, en sorte que les poids transportés sont moindres qu'en toute autre saison, de là plus de frais de transport pour chaque plant.

De Doué à Parthenay il y a environ 80 kilomètres, chaque plant a couté pour son transport $\frac{72}{300} = 0^f24$ c'est à-dire 0^f03 par myriamètre. Je dois ajouter que les plants sont toujours fournis par les pépiniéristes, sans être taillés ni de la tige ni des racines. Les vendeurs ne coupent que ce qui les embarrasse trop pour les transporter des pépinières aux lieux de vente. Suivant leurs poids qui est en moyenne de 8 à 10 kilogrammes, on les met par paquets de cinq et six plants et on les livre au commerce.

Le prix de transport à raison de 0^f03 par myriamètre de la pépinière au lieu principal d'emploi, ne peut être guère diminué quand on a des fournitures considérables à transporter par des voituriers, pris uniquement pour ce travail.

FAUX FRAIS.

Les faux frais dans les plantations consistent dans 1°. le piquetage des lignes à suivre. 2°. L'achat des piquets. 3°. Le transport des tuteurs et des arbres du lieu principal du dépôt aux divers points de la route jugés convenables. 4°. Le transport et l'achat de la terre végétale, quand on la juge nécessaire. 5°. Le déplacement des mètres cubes de pierres approvisionnées sur les accottements pour permettre de faire les trous. 6°. L'épuisement des trous, attendu que souvent ils sont faits quelques semaines avant la mise en place du plant, en sorte qu'étant dans la saison des pluies, ils ne tardent pas à se remplir d'eau. Il faut compter pour ce travail qu'un homme avec un seau ordinaire ne peut en vider que 60 par jour. 7°. Le redressement des arbres que le vent ou toute autre circonstance a jeté hors l'alignement . Ce travail est fait par 2 hommes avant de garnir le plant et les épines de terre , opération qu'on nomme chausser le plant et qui est la dernière qu'on exécute . 8°. Enlèvement hors de la route de la mauvaise terre inutile provenant des déblais des trous. 9°. Enfin les frais de surveillance et de conduite . Ordinairement , on n'employe que des chefs cantonniers ou des chefs d'ateliers intelligents et habitués à conduire un atelier et à tracer aux ouvriers le travail . Ces agents doivent recevoir pour ces travaux une haute paye prélevée sur les frais alloués pour les plantations.

Toutes ces dépenses sont variables suivant les localités et avec de bons agents on parvient à les rendre très minimes . Le prix par plant que j'ai obtenu est un prix qui est à mon avis un minimum , car les chefs d'atelier n'ont été payés que 2^{f}50 par jours de travail et la voiture à un collier , qui a fait les petits transports à raison 5^f par jour. Enfin les ouvriers employés ont été surveillés d'une manière spéciale.

DÉTAIL
DE LA SOMME TOTALE DÉPENSÉE EN PLANTATION.

J'ai planté 1300 arbres sur la route Nationale N° 138 et 800 sur la route Stratégique N° 1. Total 2100 , ce qui me donne une longueur de route plantée de 10500^m, pour la somme de 5261^{f}80 , tandis que d'après les projets on eut pû dans la circonstance la plus favorable au trésor , planter que 8403^m de route avec 500f00 , comme je l'ai dit au commencement du mémoire ou 8848^m avec 5261f89. En sorte que la voie d'exécution par régie m'a donné un bénéfice de 1652^{m}00 de longueur.

Achat de	1900	plants d'Ormeau à 0,80 l'un	1520f 00
id	400	Chataigniers à 1,10 id	440 00
id	70	Platanes à 0,80 id	56 00
id	30	Peupliers à 0,40 id	12 00
		À reporter	2028.00

5

report	2028,00
Frais de transport de Doué à Parthenay de 2100 plants à 0,24	504, 00
Achat et préparation de 2100 tuteurs en bois de Chataignier à 0,40 l'un	840 , 00
Achat de 5250 harts en chêne à 1,25 le c^{ent}	65 , 63
Achat de la paille pour faire les coussins	10 , 88
Achat des épines pour l'enbuissonnement des plants	154 , 43
id du fil de fer N° 10 recuit	53 , 58
Façon de 2100 trous à 0,27 l'un	567 , 00
Mise en place de 2100 tuteurs à 0^{f}027 l'un	56 ,70
Mise en place de 2100 plants à 0,10 l'un	210 , 00
Façon de 6300 ligatures en chêne à 0,008 l'une	50 , 40
id 12660 coussins en paille à 0,0045	56 , 70
Assujettissement de 2100 plants contre leurs tuteurs à 0^f 027 par plant	56 , 70
Mise en place de l'enbuissonnement , y compris les ligatures avec le fil de fer pour 2100 plants à 0, 09 par plant	189 , 00
Terrassement aux pieds des plants à 0,045	94 , 50
Faux frais et surveillance à raison de 0^f,15446 par plant	324 , 37
Les faux frais ne figurent que pour 104,37 cest-à-dire à raison de 0,0497 par plant	
TOTAL GÉNÉRAL	5261 , 89

De ce qui précéde il résulte que chaque plant mis en place revient à $\frac{5261,89}{2100}$ = 2^{f}5055 , et que le mètre courant de route plantée sur les deux accottemens , les arbres espacés à 10^m les uns des autres, revient à $\frac{5261.09}{10500}$ = 0^{f}504 au lieu de 0^{f}598 si les projets dressés eussent été adjugés aux prix des devis.

La fourniture de la paille montant à 10^{f}88 , celle des

épines à 154ᶠ43 enfin celle du fil de fer à 53ᶠ 58 il s'ensuit que par plant on a employé 0ᶠ0051 de paille, 0ᶠ073 d'épines , à 0ᶠ025 de fil de fer à 1ᶠ00 le kilogramme.

En se basant sur ce qu'on vient d'exposer et en désignant par p le prix d'un plant de quelqu'essence que ce soit, le sous détail d'un plant mis en place sera établi comme il suit. Je désignerai désormais par d la distance en myriamètre des pépinières au dépôt central des plants.

SOUS DÉTAIL DU PRIX D'UN PLANT MIS EN PLACE.

	1° Achat d'un plant............	p
	2° Transport de la pepinière au dépôt central	0ᶠ03 d
	3° Façon d'un trou	0ᶠ2700
Fournitures diverses montant à 0.5406.	4° Achat d'un tuteur	0ᶠ4000
	5° Achat de trois harts en chêne	0ᶠ3750
	6° Achat de la paille pour six coussins	0ᶠ0051
	7° Achat des épines pour défendre le plant	0ᶠ0730
	8° Achat du fil de fer N° 10 recuit	0ᶠ0250
	9° Mise en place d'un tuteur	0ᶠ0270
	10° Façon de trois harts	0ᶠ0255
	11° Façon de six coussins en paille	0ᶠ0270
Main d'œuvre montant à 0.4949.	12° Mise en place d'un plant	0ᶠ1000
	13° Fixation du plant contre son tuteur à l'aide des trois harts et emploi des coussins	0ᶠ0270
	14° Enbuissonnement du plant y compris les ligatures en fil de fer	0ᶠ0900
	15° Terrassement à faire au pied du plant	0ᶠ0450
	16° Faux frais et surveillance des ouvriers	0ᶠ1534

$$\text{TOTAL} \ldots\ldots \quad 1\ 3055 + 0.03\ d + p.$$

EXAMEN DU SOUS DÉTAIL.

Je vais examiner chacun des 16 articles du sous détail afin de chercher, si vu le peu de temps que j'avais devant moi pour faire ma plantation je n'ai pas été forcé de payer trop cher quelques fournitures.

Art. 1. Les plants ont été payés aussi bon marché que possible à cause de la grosseur que j'exigeais, d'ailleurs m'adressant directement aux pépinièristes j'étais dans la meilleure condition.

Art. 2. Le transport à raison de 0^f03 par plant et par myriamètre est un minimum à cause du chargement volumineux qu'offrent 300 plants, en outre cette opération est faite dans les jours les plus courts, à une époque où les frais d'entretien des chevaux sont très élevés et enfin où les routes sont très difficiles à parcourir à cause des emplois des matériaux.

Art. 3. La façon d'un trou à 0^f27 est un excellente moyenne sur laqu'elle il n'y a pas à revenir.

Art. 4. Si j'avais été moins pressé, j'ai acquis la conviction que j'eus pû avoir des tuteurs à raison de 0,35 au lieu de 0^f40 mais pas à moins.

Art. 5. Les frais d'achat de harts, en admettant que j'eusse pû avoir le paquet de cent à 0^f95 ou 1^f ce qui eut été possible, n'eussent pas diminué sensiblement par plant, ainsi il faut l'admettre tel qu'il est.

Art. 6. 8. La paille et le fil de fer ayant été acheté au prix courant dans le pays, il n'y a pas de diminution possible.

Art. 7. Les frais d'épines ne peuvent pas être diminués, car les cultivateurs y tiennent beaucoup, attendu qu'elles garnissent leurs clôtures et empêchent leurs bestiaux qu'ils laissent ordinairement sans gardien, de passer dans le champ du voisin.

Pour la main d'œuvre il n'y a que sur deux articles ou il y ait une diminution possible. Ce sont les articles 9 et 11.

Art. 9. En dressant un cantonnier ou même chef cantonnier pour faire le travail d'un jardinier , ce qui est facile en faisant suivre par un homme intelligent , pendant une quinzaine de jours les opérations du jardinier, on arriverait à remplacer deux hommes que j'ai payés réunis 7f00 par jour , par deux autres produisant le même résultat mais payés seulement 4f savoir 2f.50 pour le cantonnier planteur et 1f.50 pour son aide.

La mise en place d'un plant serait réduite à 0f.08. Ainsi dans une plantation considérable faite en régie, on pourrait ramener à 0,08 la mise en place de chaque plant , et faire une économie de 0,02 sur le prix ci-dessus.

L'Art. 11 est susceptible d'une diminution mais très faible . Au lieu de faire exécuter les coussins par un homme payé 1f.35 , on pourrait employer des femmes ou des enfants à raison de 0,60c ou 0,65c par jour , en sorte que le prix par plant serait réduit de moitié et deviendrait 0,0026 par plant . Enfin sur l'Art. 16. faux frais et surveillance il n'est guère possible d'avoir une diminution , attendu que j'ai pris toutes mes dispositions , pour les faire arriver au taux le moins élevé , et que les deux surveillants n'ont été payés que 2f.50 par jour de travail.

En résumé on voit que les prix ci-dessus sont établis le plus rigoureusement possible , et c'est à peine si sur l'ensemble du sous détail , on peut trouver une réduction de 7 à 8 centimes par plant.

Les 16 articles qui composent le prix d'un plant mis en place peuvent se réduire à 10 , comme il suit.

1°	Achat d'un plant	p
2°	Transport de la pépinière au lieu	
	d'emploi	0f03 d
3°	Façon d'un trou	0f2700
4°	Achat d'un tuteur et sa mise en place	0f4270
5°	Achat de 3 harts et leur préparation	0f0630
	A reporter	0.760 + 0.03 d + p.

report 0.760 ÷ 0.03 d + p.

6° Achat de 6 coussins en paille et leur
préparation 0ʳ0321

8° Mise en place d'un plant et la fixation à son tuteur avec les ligatures
en chêne..................... 0ʳ1270

9° Achat de l'enbuissonnement, du
fil de fer et la mise en place avec les
ligatures en fer, puis le terrassement au pied du plant 0ʳ2330

10° Faux frais et surveillance des ouvriers 0ʳ1534

TOTAL .... 1ʳ3055 + 0.03 d + p.

EXAMEN DES PRIX PORTÉS AUX DIVERS PROJETS.

Ces prix se composent de trois parties. La 1ʳᵉ comprend le prix du plant transport compris, la 2ᵐᵉ les frais d'achat de diverses fournitures et de leur emploi. Enfin la 3ᵐᵉ comprend le $\frac{1}{10}$ de bénéfice accordé à l'entrepreneur.

1ʳᵉ PARTIE.

Dans la première partie les plants sont cotés comme il suit :

Peuplier .... à 0ʳ85
Platane .... à 1ʳ10
Chataignier .... à 0ʳ90
Ormeau .... à 1ʳ10   } Transport compris.
Hêtre .... à 1ʳ15
Chêne .... à 1ʳ15

2ᵐᵉ PARTIE.

Dans la deuxième partie, les frais et les diverses fournitures sont les mêmes pour un plant de quelqu'essence que ce soit, ils ont été établis de la manière suivante.

Achat d'un tuteur en chataignier 0ʳ40
Epines, liens en bois et en fil de fer 0ʳ20
Mise en place de l'arbre et du tuteur avec les épines 0ʳ30
Garantie et entretien, pendant 3 ans 0ʳ15

TOTAL 1ʳ05

Avec ces détails on va établir un tableau comparatif des prix obtenus en régie avec ceux des projets dressés, et envoyés à l'administration supérieure, en y comprenant les faux frais et façon des trous évalués à 0.80 par plant, mais non les frais de garantie et d'entretien.

	Peuplier.	Platane.	Chataignier.	O meau.	Hétre.	Chêne.
Prix portés aux projets	2.73	3.00	2.78	3.00	3.06	5.06
Prix obtenus en régie	1.95	2.35	2.65	2.35	2.70	2.70
Différences	0.78	0 65	0.13	0.65	0.36	0.36

Les prix fixés aux divers projets sont à très peu de chose ceux qu'on avait adoptés pour des plantations de route aux environs de Niort.

Le tableau comparatif montre que le mode de plantation en régie est le plus économique , et que le prix porté au projet pour le Chataignier est trop faible. Enfin c'est ce mode d'exécution qui donne le plus de garantie de réussite. Je reviendrai sur cet article un peu plus loin.

Observation . J'ai dit dans le courant de ce mémoire que dans les départements du Nord et du centre de la France, on devait se garder d'étêter les plants , c'est le contraire dans les départemeuts du Midi , ou la poussière est abondante et où on doit par conséquent chercher touts les moyens possibles pour donner de l'ombrage aux voyageurs et de l'humidité à la chaussée , la forme du têtard et d'éventail , qu'on peut donner aux arbres en les étêtant est un très bon moyen d'arriver à ce résultat . En outre dans le but de conserver le plant , il est bon de l'étêter. En effet dans certains départements du Midi , la végétation est si active , surtout pour le Platane que si on ne lui coupait pas la tête on l'exposerait infailliblement à être endommagé par les vents qui sont en certains temps d'une violence extrême , de jeunes et longues tiges chargées de beaucoup de feuillage n'offrant pas une resistance suffisante. La forme du têtard est donc convenable sous ce rapport . Enfin elle force le plant à se développer d'avantage par les racines et en conséquence à lui donner plus de résistance. Comme complément de l'opération dont on vient de parler qui n'est pas à mon avis convenable de pratiquer dans le Nord , on peut mettre les arbres à 8m de distance les uns des autres dans le sens de l'axe de la route . Une moindre longueur nuirait à la croissance du plant au bout de quelques années de mise en place . Le Murier, arbre excessivement utile dans certains départements du Midi , prend une forme très avantageuse pour la commodité du voyageur et la conservation de la chaussée , aussi doit on en faire le plus grand emploi possible.

S'il est bon de planter les accottements des routes à plus forte raison , il est indispensable de planter les talus des grands remblais. On n'est pas dans ce cas abstreint à la même disposition pour les plants que sur les accottements, on peut les rapprocher ou bien si on ne le fait pas, mettre entre chaque plant de haute futaie , du genre dont on a parlé, des arbres verts tels que pins de Riga, Epicéas , Melèzes etc.

On ne doit pas oublier que la ligne de plantation la plus voisine du pied des talus doit être à 2m de la propriété voisine conformément à l'article 671 du code civil.

CALCUL

DES

FRAIS DE PLANTATION D'UNE ROUTE.

1re ROUTE DE 16m DE LARGEUR ET AUDESSUS.

Appelons D la longueur de la route à planter, p le prix du plant, d la distance de transport en myriamètre, C les frais inhérents à la plantation, C variera selon qu'on plantera avec ou sans tuteur, avec ou sans enbuissonnement. (*Voir plus loin les frais relatifs à l'achat et à la mise en place du plant.*) Les plants devant être placés en quinconce sur chaque accottement et à 10m les uns des autres sur chaque rang puis enfin les essences doivent être alternées. Soit p' le prix du plant qui doit alterner celui dont le prix est p et par lequel on commencera à planter.

Sur chaque accottement il y aura $\frac{D}{10} + 1$ plant de l'essence p en sorte que leur nombre total mis sur la route sera $\frac{D}{5} + 2$ et la dépense qu'ils exigeront aura pour valeur

$$\left(\frac{D}{5} + 2\right)\left(p + 0.03\,d + C\right)$$

De l'essence p' il y en aura sur chaque accottement $\frac{D}{10}$ et sur la route $\frac{D}{5}$, en sorte qu'ils exigeront une dépense de $\frac{D}{5}\left(p' + 0.03\,d + C\right)$ il suit de ce qui précéde que les frais de plantation auront pour expression,

$$F = \frac{D}{5}\left(p + p'\right) + 2\,p + \left(1 + \frac{2D}{5}\right)\left(0.03\,d + C\right).$$

4

EXEMPLE.

Prenons une longueur de 4000^m de route plantée en Ormeaux et Peupliers , et pour la distance de transport $d = 8$. Alors $D = 4000^m$, $p = 0.80$, $p' = 0.40$, les cas suivants peuvent se présenter , 1° avec tuteur et enbuissonnement , 2° sans tuteur et avec enbuissonnement , 3° sans enbuissonnement et avec tuteur , 4° enfin sans enbuissonnement ni tuteur.

1°. $C = 1. 31$ et $F = 3443^f 15^c$ ce qui donne par mètre courant de route plantée $f = 0^f 86$

2°. $C = 0. 67$ et $F = 2418^f 51$ idem $f = 0^f 60$

3°. $C = 1. 05$ $F = 3026^f 89$ idem $f = 0^f 75$

4°. $C = 0. 49$ $F = 2130^f 33$ idem $f = 0^f 53$

2° ROUTES DE 10^m DE LARGEUR.

Les plants étant placé de 10^m en 10^m sur chaque accottement , on a pour le nombre total de ces plants sur la longueur D de route $\frac{D}{5} + 2$. par suite la dépense qu'ils ont exigé est de $\left(\frac{D}{5} + 2 \right) \left(p + 0.03\, d + C \right)$.

Donnant à D , p , d, C les mêmes valeurs que cidessus on a pour les quatre cas qui peuvent se présenter.

1°. $C = 1. 30$ $F = 1884^f 70$ ce qui donne par mètre courant de route plantée $f = 0^f 47$

2°. $C = 0. 67$ $F = 1371^f 42$ idem $f = 0^f 34$

3°. $C = 1. 05$ $F = 1676^f 18$ idem $f = 0^f 42$

4°. $C = 0. 49$ $F = 1227^f 06$ idem $f = 0^f 31$

3. ROUTES DE 8^m DE LARGEUR.

Les plants sur chaque accottement doivent être espa-

cés les uns des autres de 14^m et disposés en quinconce
Sur l'un des accottements le nombre des plants est $\frac{D}{14} + 1$,
sur l'autre il est de $\frac{D}{14}$ en sorte que le nombre total est
$\frac{D}{7} + 1$ ce qui donne pour dépense $\left(\frac{D}{7} + 1\right)\left(p + 0.03d + C\right)$

En affectant à D, p, d, C les mêmes valeurs que ci-dessus, on a pour les quatre cas les résultats suivants.

1°. $C = 1.31$ F $= 1444^f\ 20$ ce qui donne par mètre courant
de route plantée   f $= 0^c\ 36$
2°. $C = 0.67$ F $=\ \ 989\ 56$ idem   f $= 0\ 24$
3°. $C = 1.05$ F $= 1372\ 60$ idem   f $= 0\ 34$
4°. $C = 0.49$ F $=\ \ 874\ 60$ idem   f $= 0\ 22$

4° ROUTES DE 6^m DE LARGEUR. (Chemins vicinaux.)

Les plants sur chaque accottement sont espacés de 20^m en 20^m les uns des autres, et placés en quinconce sur la route. Leurs nombre est de $\left(\frac{D}{10} + 1\right)$, et la dépense qu'ils produisent est de $\left(\frac{D}{10} + 1\right)\left(p + 0.03d + C\right)$. En donnant à D, p, d, C les mêmes valeurs que ci-dessus on a pour les quatre cas les résultats qui suivent.

1°. $C = 1.31$ F $= 942^f\ 35$ ce qui donne par mètre courant
de route plantée   f $= 0^c\ 23$
2°. $C = 0.67$ F $= 693\ 73$ idem   f $= 0\ 17$
3°. $C = 1.05$ F $= 822\ 05$ idem   f $= 0\ 20$
4°. $C = 0.49$ F $= 615\ 53$ idem   f $= 0\ 15$

Sur les routes les deux cas applicables sont les deux premiers, attendu que si on ne met pas de tuteur on est forcé d'enbuissonner les plants.

PLANTATIONS
SUR LES
CANAUX.

Les plantations sur les canaux sont indispensables attendu que c'est le seul moyen d'utiliser des surfaces de terrain très considérables, et que cependant on ne peut aliéner. Je veux parler des chemins de halages, des levées et digues insubmersibles. Depuis que presque surtout les canaux on a eu soin d'affermer la récolte des foins sur les francs bords, toutes leurs dépendances sont strictement interdites aux bestiaux des riverains, et pour arriver à ce résultat aussi parfaitement que possible, il est défendu aux éclusiers d'en loger dans les bâtimens appartenant à l'administration. Il suit de là que les plantations ne sont point endommagées par les bestiaux, et que l'enbuissonnement des arbres y est inutile.

Deux cas présentent pour l'estimation de la mise en place du plant, 1° celui où on plante avec tuteurs, 2° celui où on plante sans tuteurs.

Les plantations sans tuteurs réussissent moins bien que les autres, cela se conçoit aisément. En effet si les plants sont bien mis en harmonie avec le sol, ils croissent rapidement, mais ils ont à lutter au fond des Vallées que parcourent les canaux et les rivières canalisées contre des vents très violents, en sorte qu'il est très rare qu'un grand nombre ne soit pas endommagé chaque hiver. Toutes les plantations que j'ai vu et fait effectuer sur les canaux l'ont été sans l'emploi de tuteurs, et j'ai pu juger quel état elles présentaient après ces ouragans violents qui ont lieu en certains points. Malgré que ce mode soit un peu moins dispendieux que le premier je préfère employer des tuteurs.

En admettant que le canal traverse une contrée dont

les prix soient à peu près ceux du département des Deux-Sèvres , le prix d'un arbre tout planté , se détaille ainsi qu'il suit.

1er CAS.

1° Achat d'un plant .... p

2° Transport de la pépinière au lieu d'emploi .... 0^f03 d

3° Façon d'un trou .... 0^f270

4° Achat et mise en place du tuteur ... 0^f427

5° Achat et préparation de la paille pour coussins .... 0^f032

6° Achat et préparation des harts en chêne .... 0^f063

7° Mise en place d'un plant et la fixation à son tuteur .... 0^f127

8° Terrassement au pied du plant ... 0^f045

9° Frais de surveillance .... 0^f030

10° Faux frais .... 0^f0534

TOTAL ...... p + 0.03 d + 1.047.

2ème CAS.

Si on plante sans employer de tuteurs, le prix est considérablement réduit et s'établit ainsi qu'il suit.

1° Achat d'un plant .... p

2° Transport .... 0^f03 d

3° Façon du trou .... 0^f270

4° Mise en place du plant .... 0^f100

5° Terrassement à son pied .... 0^f045

6° Frais de surveillance .... 0^f025

7° Faux frais .... 0^f0534

TOTAL .... p + 0.03 d + 0^f493.

3ᵐᵉ CAS.

Enfin si on plante avec enbuissonnement sans tuteur, cas qui se présente plus généralement sur les routes que sur les canaux, le prix s'établit ainsi qu'il suit.

1° Achat du plant .... p
2° Transport .... 0ʳ03 d
3° Façon de trou 0ʳ270
4° Mise en place du plant 0ʳ100
5° Achat des épines, du fil de fer et mise en place de l'enbuissonne-ment 0ʳ098
6° Terrassement au pied du plant .. 0ʳ045
7° Frais de surveillance 0ʳ100
8° Faux frais 0ʳ053

TOTAL .... p + 0.03 d + 0.666

Donnant à p et à d les mêmes valeurs que ci dessus c'est-à-dire que si on avait eu à planter un canal au lieu d'une route, on eut les prix suivants relatifs aux deux premiers cas dont on vient de parler.

PRIX D'UN
PLANT MIS EN PLACE SANS ENBUISSONNEMENT,

	Plantation sans tuteur.	Plantation avec tuteur.
Peuplier	1ʳ133	1ʳ6787
Platane	1ʳ533	2ʳ087
Ormeau	1ʳ533	2ʳ087
Chataignier ...	1ʳ833	2ʳ387
Chêne	1ʳ883	2ʳ437
Hêtre	1ʳ883	2ʳ437

En comparant ce tableau avec celui obtenu pour les routes, on juge de l'économie des plantations faites sans enbuissonnement avec ou sans tuteurs. On a admis sur les canaux les mêmes faux-frais que sur les routes, attendu que les mêmes circonstances se retrouvent, à l'exception toutes fois des tas de pierres cassées qu'on a pas à déplacer , mais d'un autre côté le piquetage sur un canal est plus difficile parceque les arêtes qui limitent les chemins de halage ou autres dépendances ne sont pas si nettement tracées que les routes . Ainsi on voit qu'en définitif on peut sans craindre d'erreur admettre les mêmes faux-frais dans les deux cas. On a adopté pour frais de surveillance selon qu'on plante avec ou sans tuteur les prix de 0^f. 03 et 0^f.025 par arbre, qui sont ceux qui découlent à très peu de chose près du nombre de pieds qu'un jardinier peut mettre en place par jour en soignant son travail.

Sur les canaux où le halage se fait par des chevaux, il faut pour le croisement de deux couples de chevaux une banquette de halage de 3^m00 de largeur , ainsi dans ce cas on ne peut songer à faire de plantations sur ces banquettes . Si au contraire le halage s'y fait par des hommes comme sur les canaux de Bretagne une largeur libre de 2^m50 de voie est suffisante , alors on peut mettre un rang d'arbres à 2^m50 de l'arête intérieure du canal.

Sur les canaux qu'on vient de nommer où le chemin de halage a une largeur uniforme d'au moins 4^m , on y a planté un rang d'arbres à 4^m de distance de l'arête intérieure du canal et les arbres sont espacés les uns des autres de 4^m ; puis on a eu soin d'alterner les essences , ainsi entre deux plants d'Ormeau , de Chêne , etc. on a mis suivant le terrain un peuplier , ou des arbre verts.

La ligne de plantation adoptée permettra si le commerce l'éxige plus tard d'effectuer le halage avec des chevaux . On ne met deux rangs d'arbres que dans les parties ou le chemin de halage se transforme aux abords des villes en quai , les deux lignes de plantations sont distantes l'une de l'autre de 7 à 8^m . La plus voisine du canal est toujours placée à 4^m de l'arête intérieure du canal et est le prolongement de la ligne de plantation de tout le canal.

Pour comparer les prix auxquels je suis arrivé avec ceux d'un projet approuvé sur les canaux , je donne ci-après les prix d'un projet que j'ai dressé en Octobre 1846 pour une petite longueur du canal de Nantes à Brest et approuvé le 8 Décembre 1846 par le Ministre des travaux publics. Les conditions principales étaient les suivantes: Les plants devaient avoir 1°, 7 ans d'âge sains et d'une belle venue, 2°, 0^{m}15 de circonférence au moins de grosseur à 1^m de hauteur du sol, les arbres verts tels que Pins de Riga , Pins d'Ecosse, Épicéas, Mélèzes devaient avoir 2^m de hauteur. 3° Enfin l'entrepreneur devait les entretenir et les garantir pendant 2 ans moyennant 0^f 20 par plant . Tous les plants devaient être pris à Dinan (Côtes du Nord), à une distance de 110 kil. du centre de la plantation.

Ce projet a été adjugé mais n'a point été exécuté attendu que l'adjudicataire qui n'était ni riche propriétaire , ni pépiniériste quitta le pays et ne se présenta pas malgré les mises en demeure de l'administration . Une 2me adjudication eut lieu à sa folle enchère mais elle ne produisit aucun résultat . Cependant les prix sont assez elevés attendu qu'ils furent dressés à une époque où des plantations sur une grande échelle avaient lieu sur ce canal , et où les entrepreneurs se plaignaient beaucoup des prix . Les motifs qui éloignent les personnes à même de faire ces sortes de travaux sont la durée de la garantie , l'entretien du plant, puis ensuite la grosseur exigée pour chacun d'eux.

Ce projet où les plants sont sans tuteur ni enbuissonnement , avait pour but de planter le chemin de halage de la rivière d'Oust , 2° section (canal de Nantes à Brest) compris entre la tête d'Aval de l'écluse de Josselin et le point de rencontre du canal de jonction de l'Oust au Blavet.

La longueur de la plantation est de 40620^m 40 et est estimée 12189^f 94 ce qui donne par mètre

courant , $\dfrac{12189.94}{40620.40} = 0.30$ en employant la formule
$\dfrac{1}{D}\left(\dfrac{D}{l} + 1\right)\left(p + 0.03d + C\right)$ dans laqu'elle il faut faire
$D = 40620.4, l = 4, p = \dfrac{0.40 + 0.80 + 1.10 + 1.15}{4} = 0^f,86 ,$

de sorte que 0^f86 est la moyenne des prix que j'ai admis, $d = 11, c = 0.49$. On arrive pour la dépense par mètre courant à 0.42; différence en plus 0^f12, qui provient de ce que la main d'œuvre dans l'intérieur de la Bretagne est au moins d'un *tiers* plus faible que dans les autres parties de la France

SOUS DÉTAILS DES PRIX DES DIVERS PLANTS.

	Peuplier.	Hêtre ou cha-taignier.	Ormeau.	Chêne.	Pins d'Écosse, de Riga, Épicéas, Mélèzes.
Prix du plant	0.35	0.40	0.45	0.50	0.60
Transport de Dinan aux lieux d'emploi	0.35	0.35	0.35	0.35	0.55
Façon du trou et mise en place du plant	0.15	0.15	0.15	0.15	0.15
Approvisionnement de terre végétale	0.10	0.10	0.10	0.10	0.10
Total	0.95	1.00	1.05	1.05	1.20
Faux frais 1/20	0.04	0.05	0.055	0.055	0.06
	0.99	1.05	1.100	1.155	1.126
1/10 *de bénéfice*	0.099	0.105	0.11	0.115	0.126
	1.089	1.155	1.21	12.70	1.386
Entretien pendant 2 ans et garantie	0.20	0.20	0.20	0.02	0.20
Total définitif	1.29	1.36	1.41	1.47	1.59

Dans ces prix les frais de surveillance ne figurent pas parceque les nombreux agents du canal sans surcroît de travail , vu que les plantations se font à une époque où les travaux de réparation sont nuls , peuvent très bien en surveiller l'exécution. L'examen de ces prix fait avec soin montre que le prix de chaque plant pris à la pépinière est trop faible 1° à cause de l'âge et de la grosseur exigés, 2° , parceque les pépinières de Dinan ont été épuisées par des plantations considérables faites sur le même canal, de sorte qu'on a de grandes difficultés à se procurer les plants en quantitées suffisantes. Le transport fixé à $0^f.35$ est convenable , attendu que Dinan est à 110 kilomètres du milieu de la ligne à planter, et qu'en appliquant la formule 0.03d on arrive à $0^f.33$. Le prix de 0.25 accordé pour la façon du trou, la mise en place du plant et la fourniture de la terre végétale est suffisant pour en juger, il faut avoir comme je l'ai , la connaissance des lieux et ne pas oublier que le manœuvre est payé $0^f.90$ à 1^f00 ou au plus $1^f 20$ par jour et le jardinier 2^f50 à 3^f au plus . Les faux frais portés en moyenne à 0.051 sont trop forts. Ainsi on voit que malgré que les prix élémentaires des plants soient trop faibles, on arrive en définitif grâce au 1/20 pour faux frais, au 1/10 de bénéfice, et à la somme accordée pour l'entretien à avoir des prix définitifs convenables. Nul doute que si on n'avait pas laissé l'entrepreneur responsable de ses plants pendant deux ans, ce qui le force à entretenir constamment des ouvriers sur une grande longueur de canal , et le conduit à une forte dépense , ce projet eut eu plus de succès pour son exécution ; en outre les difficultés inextricables survenues dans d'autres entreprises de plantation sur le même canal au sujet de cette garantie , ont contribué puissamment à éloigner les entrepreneurs. Pour cet entretien le mode de régie est préférable , parceque les agents du canal qui sont toujours sur les lieux peuvent avec des dépenses très minimes mieux faire qu'un entrepreneur qui ne peut presque toujours visiter ses plants qu'à des intervalles assez éloignés , ce qui est un grand inconvénient, attendu qu'à de jeunes plants il faut des soins assidus.

Du tableau ci-dessus il résulte que le prix d'un plant mis en place par voie de régie revient sur le canal en question à $p + 0.03 \, d + 0.25 + 0,05 = p + 0.03d + 0.30$. 0.25 représente la main d'œuvre et 0.05 les faux frais. Si on veut comparer cette formule à celle que j'ai donnée pour les plantations de route sans tuteur ni enbuissonnement qui est $p + 0.03 \, d + 0. 49$, il faut tenir compte 1° de la main d'œuvre qui est 1/3 plus elevée. 2° Des frais de surveillance évalués à 0.03, en sorte que la formule des plantations sur le canal devient après ces deux augmentations $p + 0.03d + 0.43$, différence entre les deux formules, 0.06 ; qui provient de ce que sur les routes j'ai estimé la mise en place d'un plant $0^f 10$ faite par un jardinier payé $5^f 00$ par jour , tandisque la même opération sur le canal n'est évaluée que 0.05. Ainsi on voit que ma formule $p + 0. 03d + 0. 49$ est un peu trop forte pour être appliquée sur les canaux de Bretagne mais que de quelques centimes, et comme dans un projet fait en régie il vaut mieux compter sur des prix un peu plus élevés que trop faibles, je pense qu'elle est susceptible d'une application générale mais à condition que l'on donne à p la valeur vraie du commerce, et que le salaire du manœuvre en hiver soit en moyenne de $1^f 35$.

MODE D'EXÉCUTION

DES

PLANTATIONS

SUR LES ROUTES ET CANAUX.

Les plantations sur les accottemens des routes ne peuvent se faire complètement par entreprises, il y a trop de détails et qui tous sont importants pour qu'on puisse les abandonner à un entrepreneur. Deux cas se présentent dans les adjudications de ce genre, le 1er est celui où l'adjudicataire est un pépinièriste qui trouve ainsi un débouché pour ses plants ; le 2me cas est celui où l'entrepreneur est un riche propriétaire qui a trouvé un bon moyen de placer avantageusement les plants disséminés sur ses propriétés. Dans ces deux cas toutes les mains d'œuvres, les achats des diverses matières sont abandonnées à un sous traitant qui cherche aussi à faire quelques bénéfices, en sorte que l'administration se trouve forcément à avoir affaire à au moins deux personnes, l'une qui livre les plants et l'autre qui les met en place, chacune d'elles ayant à réaliser un bénéfice cherche à éluder autant que possible les diverses clauses de l'entreprise. Si l'administration se montre rigoureuse le sous traitant abandonne l'entrepreneur, et alors la mise en régie ne tarde pas à avoir lieu.

J'ai eu comme ingénieur de ces sortes d'affaires , et comme d'un autre côté à la même époque j'ai effectué beaucoup de plantations en régie je me prononce positivement pour ce dernier mode.

Dans le but d'enlever le plus de responsabilité possible aux agents de l'administration des ponts et chaussées , je pense qu'un système mixte serait très applicable . Si des plantations sont considérables, comme elles doivent se faire dans un délai très court , du mois de Novembre au mois de Mars , il en résulte pour les régisseurs des maniements de fonds assez considérables qu'on doit toujours chercher en bonne administration à diminuer autant que cela est possible et on y arrive de la manière suivante.

On peut adjuger la fourniture des plants d'après un devis convenablement dressé. L'ingénieur ordinaire peut sauf approbation de l'ingénieur en chef du département passer un marché avec un bon ouvrier terrassier , connu sur les travaux , pour la façon des trous suivant des dimensions bien définies. Il reste l'achat des tuteurs qui peut aussi se faire par un marché passé dans les bureaux de l'ingénieur, puis enfin la mise en place du plant, pour cette dernière opération je revendique le mode d'exécution en régie. Les arbres fournis, les trous faits et les tuteurs approvisionnés on doit , si on veut avoir une plantation bien faite , laisser aux ingénieurs le soin de les mettre en place. Tel est à mon avis le seul mode praticable pour les plantations sur les routes et canaux.

Sur le canal de Nantes à Brest on a fait autrement mais aussi malgré qu'il y eut beaucoup moins de petits détails que pour les plantations sur les routes, combien de discussions et de tracas n'ont pas eu à soutenir les ingénieurs et leurs agents de la part des entrepreneurs , propriétaires riches qui avaient des accès faciles dans tous les bureaux et qui taxaient les agents de l'administration d'une sévérité qui allait selon eux jusqu'à l'extravagance , tandis qu'ils ne fesaient qu'exécuter le devis de l'entreprise.

DE LA LARGEUR DES ROUTES.

L'administration supérieure n'a ordonné les plantations que sur les routes qui ont au moins 10ᵐ de largeur en couronnement , sous ce rapport elle a fait un pas dans la voie du progrès attendu que jadis les accottemens des routes n'étaient plantés qu'autant qu'elles avaient des largeurs considérables . Les plantations doivent se faire promptement et s'appliquer partout où elles sont possibles si on veut en jouir dans un délai assez rapproché. Pour moi , j'ai la conviction que toutes les routes peuvent être plantées , même les chemins vicinaux de grande communication , seulement le mode de disposition des arbres doit varier évidemment avec la largeur . La circulaire ministérielle du 9 Aout a prescrit de planter les routes de 16ᵐ de largeur et audessus de deux rangs d'arbres sur chaque accottement et distants l'un de l'autre de 3ᵐ au moins, les arbres doivent être placés en quinconce. On doit avoir soin dans toutes les plantations autant que le terrain le permet d'alterner les essences de prompte venue avec celles dont la croissance est plus longue. Cette disposition donne aux plantations un très bon aspect et favorise leur développement. Pour les routes de 10ᵐ de largeur, il a été admis qu'il n'y aurait qu'un seul rang d'arbres sur chaque accottement distant de 5ᵐ de l'axe et que ces arbres seraient placés à 10ᵐ les uns des autres.

Les routes de 8ᵐ de largeur qui est le cas des routes Nationales de 3ᵐᵉ classe , des routes stratégiques, de toutes les routes départementales , enfin qui est la catégorie ou se trouve rangée la plus grande partie des routes de France , ces routes dis-je n'ont pas encore été appelées à jouir du bénéfice des plantations . C'est une omission qui à mon avis mérite d'être promptement reparée. Ces routes peuvent comme les routes de 10ᵐ de largeur être plantées à la condition que les arbres soient à 3ᵐ50 de l'axe

et espacés de 14ᵐ en 14ᵐ les uns des autres , de manière
à ce qu'un plant corresponde au milieu de l'espace vide qui
sépare les deux plants voisins sur l'accottement opposé .
De cette manière chaque plant joint avec son voisin sur
l'autre accottement formera une ligne inclinée à 45° sur
l'axe de la route. Un tel mode ne peut en rien gêner la circulation , attendu que pendant près de six mois de l'année
les accottements sont encombrés de matériaux , surtout
si elles sont un peu fréquentées , de sorte que des plants
mis à 14ᵐ de distance les uns des autres ne peuvent por-
ter à plus forte raison aucun obstacle à la circulation ni à
la conservation de la chaussée. Il est pour moi évident que
sous tous les rapports , celui de la circulation et de la
conservation de la chaussée , les arbres plantés à 10ᵐ de
distance les uns des autres et vis-à-vis ceux de la ligne
opposée située à 5ᵐ de l'axe , offrent plus d'inconvénients , si toutes fois il peut y en avoir ce dont je doute ,
que ceux plantés dans le mode que j'indique pour les
routes de 8ᵐ de largeur en couronnement.

Les routes de 7ᵐ de largeur sont rares , celles qui existent font partie d'une route de 8ᵐ qu'on a été obligé de réduire à cause de certaines difficultés provenant du terrain
tels que de grands remblais ou des passages en pays de
montagne , aussi nous n'en parlerons pas comme route à
planter.

Les routes de 6ᵐ comprennent les chemins vicinaux ,
soit de grande ou de petite vicinalité. Je crois qu'elles
sont susceptibles d'être plantées sans leur nuire et appor-
ter le moindre trouble à la circulation. Les plants de-
vraient être mis à 0ᵐ50 de l'arête extérieure de l'accottement et espacés sur la même ligne de 20ᵐ en 20ᵐ, de
manière que l'un d'eux corresponde sur la ligne opposée
au milieu du vide qui sépare les deux voisins sur l'autre
accottement. Il suit de là qu'un plant joint avec le plus
voisin de la ligne opposée formera une ligne inclinée à 2
de sa base pour 1 de hauteur sur l'axe du chemin . Ces

plants une fois arrivés à une certaine grosseur seraient
très propres à servir de bornes kilométriques pour les
chemins, un simple écriteau placé sur le tronc à une hauteur convenable donnera le même résultat que des bornes
en pierres de 8 à 10ᶠ qui sont sur la plupart des chemins
et même des routes plus fréquentées illisibles et par suite
sans utilité pour les voyageurs. Ces plantations sur les
chemins vicinaux seraient facilement faites par les presta-
taires qui seraient enchantés de fournir un ou plusieurs
plants pour se libérer à l'égard de l'administration muni-
cipale. En outre il pourrait s'établir d'une commune à l'autre une rivalité qui aurait pour résultat d'accélérer ce
genre de travail. J'ai donné plus haut les dépenses relati-
ves à des plantations faites comme je viens de l'indiquer.

DE LA SURVEILLANCE DES PLANTATIONS.

Les chemins et routes plantés sur de grandes longueurs
nécessitent une surveillance de tous les instants beaucoup
plus active que pour une route non plantée. Ces plantations représentent un capital assez considérable, qui serait
sans produit si on ne veillait pas à le mettre à l'abri de
tout ce qui peut l'endommager.

Sur les routes du département où le service des cantonniers n'est jamais interrompu pendant toute l'année,
on peut à l'aide des conducteurs, piqueurs et chefs cantonniers assermentés établir une surveillance suffisante,
seulement pendant les dimanches, les jours de fêtes et surtout les nuits qui sont les moments où les agents de l'administration ne peuvent pas être sur pied, il faut les faire surveiller par les gardes champêtres des communes traver-
sées, moyennant une légère rétribution annuelle, les ingénieurs seront assurés que ce service indispensable sera
bien fait aux abords des bourgs et des villages.

Dans les départements où les cantonniers quittent les

routes pendant le laps de temps compris entre les mois de Mai et Octobre , les ingénieurs devront faire en sorte que les tournées de leurs agents soient beaucoup plus rapprochées afin que les riverains sachent qu'il existe néanmoins une surveillance active. Les gardes champêtres devront toujours être appelés dans leur commune à coopérer à cette surveillance, la nuit comme le jour, pendant tout le temps que durera l'absence des cantonniers de leurs stations. Il est clair que leur rétribution devra être un peu plus forte que dans les départements où ces absences n'ont pas lieu.

Les plus grands dommages qui pourront être causés aux plants proviendront des animaux laissés errants sur les routes tels que porcs , vaches et chevaux, il est certains départements où des cultivateurs même dans l'aisance trouvent plus simples de mener leurs bestiaux paître sur les routes et chemins qui y aboutissent que dans leurs champs, en sorte qu'en tout temps ils sont assurés de cette manière , de leur procurer de bons pâturages. Dans les pays où on élève beaucoup de chevaux de trait dans le Finistère et les Côtes du Nord. Par exemple il n'est pas rare de trouver les grandes routes parcourues par des troupes de cinq et six chevaux. L'administration pour empêcher les riverains des routes d'y laisser errer leurs bestiaux peut utiliser. 1° L'arrêt du 16 Décembre 1759 qui défend d'abandonner ou de faire paître les bestiaux sur les routes et leurs dépendances sous peine d'une amende de 100 livres, 2°, La loi du 20 Floréal an X puis le décret du 16 Décembre 1811 qui donnent aux conseils de Préfecture mission de connaître des contraventions en matière de grande voirie. Comme cet arrêt serait d'une application difficile à cause de l'énormité de l'amende pour la plupart des contraventions, on peut invoquer en faveur des contrevenants l'ordonnance Royale du 23 Mars 1842 qui autorise à réduire au 1/20 les amendes fixes établies par les réglemens de grande voirie antérieurs au 19 et 22 Juillet 1791 , sans toutes fois que ce minimum puisse descendre audessous de 16^f.

Ainsi les amendes laissées à l'arbitraire du Juge peuvent varier entre un minimum de 16^f et un maximum de 300^f.

Pour que les plantations sur les routes puissent se développer il faut encore que l'élagage des arbres des riverains soit fait avec soin. L'administration arrive à ce résultat en usant de l'article 102 du décret du 16 Décembre 1811 qui autorise les Préfets des départements à prendre des arrêtés pour statuer par un réglement particulier sur tout ce qui est nécessaire à l'élagage des arbres bordant les routes Nationales et Départementales, même pour les traverses des routes dans les bois et forêts, et de l'article 21 de la loi du 21 Mai 1836 lorsqu'il s'agit des chemins vicinaux.

CONCLUSIONS.

Pour faire une plantation dans les bonnes conditions il faut s'arrêter aux prescriptions suivantes.

1° GROSSEUR ET AGE DES PLANTS.

Les peupliers, les platanes, les ormeaux, les chataigniers et frênes doivent avoir six ou sept ans d'âge. Les chênes et les hêtres sept ou huit ans. Tous les plants quelque soient leurs essences doivent avoir à un mètre du sol de quinze à dix huit centimètres de circonférence. Une dimension plus forte pour une plantation un peu considérable serait presqu'impossible à obtenir, les pépiniéristes écoulant leurs produits sous des dimensions inférieures à 0.^{m}15^c; du reste leur intérêt les y contraint attendu que plus ils renouvellent souvent leurs pépinières plus ils ont du bénéfice.

2° LONGUEUR DES PLANTS.

Si touts les plants devaient être fournis par des pépiniéristes habiles il serait inutile de parler de leur longueur, attendu que les plants bien cultivés prennent un développement en hauteur proportionné avec leur grosseur, mais comme le contraire peut arriver on doit le prévoir. Cette circonstance se présentera lorsque ce sera un adjudicataire qui cherchera à prendre les plants dans le voisinage des lieux de plantation afin de bénéficier sur les transports, alors il les extraira des bois taillis, des haies vives etc, lieux où le plant trop serré par les arbres voisins est obligé de ne se développer qu'en hauteur au détriment de sa grosseur qui lui est alors peu utile attendu qu'il est abrité du vent de tous côtés. Ces circonstances se sont produites sur le canal de Nantes à Brest où j'ai vu mettre 1° des plants de chêne d'une hauteur considérable relativement à leur grosseur qui n'était que de celle du devis.. 2° Des peupliers qui se trouvaient dans le même cas et que l'entrepreneur pour les mettre à l'abri d'une rupture infaillible sous l'action du vent fut obligé d'étêter, opération qui fut du reste le sujet d'une discussion assez grave entre l'administration et lui. Ces faits ne se seraient pas produits si on avait inséré une clause pour la longueur maxima du tronc de chaque plant comme pour sa grosseur. Tous les plants de la grosseur indiquée ci-dessus, doivent avoir au moins 3^m de hauteur depuis le sol jusqu'au collet et $4^m 50^c$ au plus entre les mêmes limites. Si le plant a plus de 18^c de grosseur il est clair que la longueur de son tronc pourra être supérieure à $4^m 50$ mais proportionnée à cette grosseur. Sur les routes où l'on emploie des tuteurs on peut être plus tolérant sur cet article que sur les canaux où on n'en fait pas usage.

3° COURBURE DES PLANTS.

On doit autant que possible exiger des plants droits, ils viennent mieux, et donnent un meilleur aspect à la plantation, enfin ils sont plus facilement fixés aux tuteurs. Dans le cas où ils sont courbes, ils ne doivent présenter de courbure que dans un seul sens et la flèche ne doit pas excéder 0ᵐ25 pour une longueur de 4ᵐ50, et 0ᵐ15 pour celle de 3ᵐ00.

Les plants doivent être lisses de l'écorce et ne point présenter de nœuds qui sont en général l'indice qu'ils ont souffert dans leur croissance en produisant des tiges sur le tronc entre le sol et le collet, tiges, que le pépiniériste a eu soin de couper pour forcer ces plants à se développer en hauteur.

4° DIMENSION DES TROUS.

Les trous doivent présenter une section carrée de 1ᵐ de côté et 0ᵐ60 à 0ᵐ70 de profondeur et 0ᵐ80 au plus. Avant de planter on doit y mettre une couche de terre végétale de 0ᵐ20 à 0ᵐ25 d'épaisseur dont on a eu soin d'enlever toutes les pierres. Le plant ne doit être mis qu'à 0ᵐ45 ou 0ᵐ50 de profondeur audessous du niveau de l'accottement.

5°. TUTEURS.

Les tuteurs doivent avoir 4ᵐ de longueur et une circonférence de 0ᵐ20 au moins à 1ᵐ du gros bout. Quelque fois avant de les mettre en place on les goudronne pour qu'ils pourrissent moins promptement, c'est une précaution et des frais que je regarde comme inutiles attendu qu'ils doivent être presque toujours arrachés pour ne pas nuire à l'arbre avant qu'ils ne soient hors d'état de servir.

6°

Les plants doivent être fixés aux tuteurs par trois liens en bois, on peut n'en mettre que deux si le plant est droit. il faut avoir soin d'employer à chaque ligature deux coussins en paille pour ne pas blesser l'arbre.

7°

L'enbuissonnement doit avoir 1ᵐ30 à 1ᵐ50 de hauteur et 0,ᵐ60 et 0,ᵐ80 de circonférence. Il doit être maintenu par deux ou trois liens en bois ou en fil de fer N° 10 recuit, cela dépend de la qualité des épines. Les liens en bois produisant un aspect moins convenable que le fil de fer, mais cependant l'expérience m'a montré qu'il est bon pour la durée que la ligature la plus voisine du sol soit faite avec un lien en bois et non en fil de fer. On doit employer autant que possible des liens en chêne ils sont bien préférables pour la durée et la résistance à ceux de saule dont on se sert quelque fois.

8°.

Lorsque les plantations se font à l'entreprise il est bon d'indiquer à l'entrepreneur le travail suivant relatif aux racines.

En taillant les racines, il faut avoir soin de les couper en siflet afin que la coupe repose sur la terre. Quand le chevelu est bien frais il faut le respecter et se contenter de le rafraichir. S'il est sec on le coupe jusqu'au vif de même que les racines sèches et fendues. Le chevelu et les racines viciées se noircissant en terre, et le plant finissant par périr lorsque la chancissure gagne les racines.

Si les plants sont restés longtemps arrachés avant d'être mis en place, il arrive souvent que les racines soient desséchées, pour remédier à cet inconvénient on les met à tremper dans un bain d'eau où on y a délayé de l'argile et de la bouse de Vache, en quantité suffisante pour charger la couleur naturelle des racines, avant de mettre le plant en terre on saupoudre ses racines de bonne terre végétale bien meuble.

9°. FAUX FRAIS ET FRAIS DE CONDUITE.

Les faux frais et frais de conduite sont estimés largement à 0ᶠ15 par plant, cette dépense augmente beaucoup si le travail est fait par un entrepreneur, attendu que quelque soin que l'ingénieur apporte au devis il y a toujours des travaux imprévus qui seraient une dépense très minime faits par les ouvriers de l'adjudicataire, mais n'étant pas prescrits, ce dernier exige toujours qu'ils soient faits par des ouvriers de l'administration. A ces hommes placés par l'ingénieur, il faut un surveillant et de suite on est conduit à une dépense énorme eu égard au travail fait, c'est un des motifs qui me fait préférer le mode d'exécution en régie, pour ce genre de travail; dans les cinq projets dressés, on avait porté sur la somme à valoir destinée à payer ces faux frais 0'80 en moyenne par plant pour faire les trous, approvisionner la terre végétale etc, tandisqu'en exécution par régie, on n'a eu qu'une dépense de 0'42 par plant.

10°. FRAIS D'ENTRETIEN ANNUEL.

L'entretien annuel de chaque plant consiste 1° dans le renouvellement partiel des épines, des liens en bois et en fil de fer, puis dans la taille des plants. 2° Dans le remaniement de la terre qui recouvre leurs racines vers le mois de Fevrier et Mars afin de permettre à l'oxigène de l'air d'y arriver plus facilement, c'est de tout l'entretien l'opération la plus longue. 3° Dans la saison des fortes chaleurs, à disposer les terres aux pieds, de manière à ce que les eaux pluviales pénétrent jusqu'aux racines, enfin dans l'arrosage des plants en souffrance quand l'eau est à peu de distance. Les frais annuels que nécessitent ces petits travaux n'excèdent pas 0'.10° par pied et ne sont nécessaires que pendant au plus six ans à dater de l'époque de la mise en place des plants. C'est pendant les deux ou trois premières années que les arbres exigent le plus de soins et de dépenses. Je dois ajouter que si le plant malgré les soins qu'on lui donne ne prospère pas il faut le déplanter et le placer dans de meilleures conditions si cela se peut, dans le cas contraire, il faut augmenter le trou, et le replanter en ayant soin de tailler de nouveau ses racines avec précaution et de ne les recouvrir de terre végétale que de bonne qualité.

PRODUIT

DES

PLANTATIONS SUR LES ROUTES, ET SUR LES CANAUX.

Admettons pour plus de simplicité, que dans les frais de mise en place d'un plant on comprenne ses frais d'entretien pendant six ans à 0.10 par année. La dépense pour chaque plant sera de p+0.03d+0.60+C. C comprenant les frais de toute nature inhérents à la plantation. Au bout de n années chaque plant aura couté en capital et intérêts simples

$$\left(p+0.03d+C+0.60\right)\left(1+\frac{5n}{100}\right)$$

Appelons P la valeur moyenne d'un plant au bout de n années, le bénéfice total produit sera de

$$P-\left(p+0.03\,d+C+0.60\right)\left(1+\frac{5n}{100}\right).$$

d'après cela le bénéfice par mètre courant de route et par année sera de

$$\frac{N}{nD}\left\{P-\left(p+0.03\,d+C+0.60\right)\left(1+\frac{5n}{100}\right)\right\},$$

N désignant le nombre d'arbres qui se trouvent sur la route.

Enfin $\dfrac{N100}{1Dn}\left\{P-\left(p+0.03\,d+C+0.60\right)\left(1+\frac{5n}{100}\right)\right\}$

sera le produit par an et par are d'accottement.

On a vu que C prend quatre valeurs suivant le mode qu'on emploie pour planter.

1° $C = 1.31$ avec tuteur et enbuissonnement

2° $C = 0.67$ avec enbuissonnement sans tuteur.

3° $C = 1.05$ avec tuteur sans enbuissonnement.

4° $C = 0.49$ sans tuteur ni enbuissonnement.

1· ROUTES

DE 16ᵐ DE LONGUEUR ET AUDESSUS.

Supposons $D = 4000^m$, $d = 8$, $p = \dfrac{0.80 \div 0.40}{2} = 0,^r60^c$, $n = 50$, alors $N = \dfrac{2D}{5} + 2 = 1602,^m1 = 10^m$ ce qui est la largeur réunie des deux accottemens. Lesformules ci-dessus donnent les résultats suivants, en donnant à P la valeur moyenne de 15^f attendu qu'on suppose la plantation en peupliers platanes et ormeaux.

	VALEURS DE C			
	1.3 1	0.67	1.05	0.49
Produit par plant au bout de 50 ans	$5^f.38$	$7^f.55$	$6^f.29$	$8^f.25$
Produit total de la plantation sur une lieue.......	$8618^f.76$	$12095^f.40$	$7676^f.58$	$13216^f.50$
Produit par mètre courant de route et par année ...	$0^f.041$	$0^f.060$	$0^f.040$	$0^f.066$
Produit par are d'accottement et par année	$0^f.41$	$0^f.60$	$0^f.40$	$0^f.66$

2ᵉ **ROUTES** DE 10ᵐ DE LARGEUR.

Admettons pour D, n, d, C les mêmes valeurs que ci-dessus, supposons qu'une seule essence d'arbre, en ormeau par exemple $N = \dfrac{D}{5} + 2$, $l = 5^m$, $p = 0.80$ les formules donnent les résultats suivants , en donnant à P la valeur moyenne de $25^f.00$.

VALEURS DE C.	1.31	0.67	1.05	0.49
Produit par plant au bout de 50 ans. . . .	$14^f.43$	$16^f.60$	$15^f.27$	17.23
Produit total de la plantation sur 1 lieue.	$11572^f.86$	$13315^f.20$	$12246^f.54$	$13818^f.46$
Produit par mètre courant de route et par année.	$0^f.058$	$0^f.065$	$0^f.061$	0^f069
Produit par are d'accottement et par année	$1^f.16$	$1^f.30$	$1^f.22$	1.38

3ᵉ **ROUTES** DE 8ᵐ DE LARGEUR.

Adoptant pour D, P, p, n, C les mêmes valeurs ci-dessus et remarquant que $N = \dfrac{D}{7} + 1$ et $l = 4$; les formules donnent.

VALEURS DE C.	1·31	0.67	1.05	0.49
Produit par plant au bout de 50 ans.	$14^f.43$	$16^f.60$	$15^f.27$	$17^f.23$
Produit total de la plantation sur 1 lieue.	$8253^f.96$	9495^f20	$8734^f.44$	$9855^f.56$
Produit par mètre courant de plantation et par année.	$0^f.041$	$0^f.047$	$0^f.043$	$0^f.049$
Produit par are d'accottement et par année,	$1^f.02$	$1^f.17$	$1^f.07$	$1^f.20$

4° **ROUTES**

DE 6ᵐ DE LARGEUR.

Les mêmes formules donnent en attribuant à D, P, p, n, C les mêmes valeurs que précedemment, et en remarquant que $N = \dfrac{D}{10} \div 1,1 = 3^m$

VALEURS DE C.	1.31	0.67	1.05	0.49
Produit par plant au bout de 5o ans,	14f.43	16f.60	15f.27	17f.23
Produit total de la plantation sur 1 lieue	5786f.43	6656f.60	6123f.27	6909f.23
Produit par mètre courant de plantation et par année.	0f.028	0f.033	0f.031	0f.034
Produit par are d'accottement et par année	0f.92	1f.09	1f.02	1f.12

Si au produit de la plantation on joint l'intérêt que rapporte au commerce la voie de communication on arrive à obtenir un très beau produit. D'ailleurs en comparant le produit de l'are d'accottement sur chaque route à celui de la même surface du terrain voisin livré à l'agriculture on peut reconnaitre, que les plantations sur les routes sont de fort bonnes opérations. En effet dans les terrains non vignobles, l'are de terrain labourable ne rapporte en moyenne par an que 0f.50c tous frais déduits et l'are de pré que 1f.75c. Il est vrai que des résultats exprimés dans les tableaux il faut retirer les frais d'entretien des accottements mais ils sont en général si peu élevés et si variables attendu que cet entretien consiste seulement à y maintenir les pentes longitudinales et transversales voulues qu'on peut n'en pas tenir compte De sorte que même sur les chemins vicinaux, l'à où les plants sont espacés de 20ᵐ en 20ᵐ et placés en quinconce, l'are d'accottement est plus productif que sur la terre labourable contigue, dont le produit n'est pas en moyenne de plus de 0f50.

PRODUIT

DES

PLANTATIONS SUR LES CANAUX.

Appelons l la distance qui sépare chaque plant, l' la
largeur du chemin de halage. Supposons qu'il n'y ait qu'un
seul rang d'arbres, comme cela a lieu presque partout.

Le produit d'un plant au bout de n années sera donné
par la formule

$$P = \left(p + 0.03d + 0.60 + C \right)\left(1 + \frac{5n}{100} \right)$$

Le produit total de la plantation sera

$$\left(\frac{D}{l} + 1 \right)\left\{ p - \left(p + 0.03d + 0.60 + C \right)\left(1 + \frac{5n}{100} \right) \right\}$$

Le produit par mètre courant de chemin de halage
et par année sera

$$\frac{1}{Dn}\left(\frac{D}{l} + 1 \right)\left\{ p - \left(p + 0.03d + 0.60 + C \right)\left(1 + \frac{5n}{100} \right) \right\}$$

Le produit par are de chemin de halage et par année sera

$$\frac{100}{D l' n}\left(\frac{D}{l} + 1\right)\left\{ p - \left(p + 0.03d + 0.60 + C \right)\left(1 + \frac{5n}{100} \right)\right\}$$

Si on plante avec tuteur $C = 1.05$, et $C = 0.49$, si on plante sans tuteur ce qui est le cas ordinaire.

Appliquons cette formule au canal de Nantes à Brest, où la main d'œuvre est d'un tiers plus faible que dans les Deux-Sèvres, c'est-à-dire que $C = 0^f,30^c$, et supposons que la plantation soit en ormeau et en peuplier

$$P = \frac{0.80 + 0.40}{2} = 0.60, \quad C = 0.33$$

en y comprenant 0.03 pour frais de surveillance, $d = 11, l = 4^m, P = 15^f$, $n = 50. \; D = 4000^m, l' = 4^m$. Il vient pour les 3 cas indiqués plus haut.

Produit d'un plant au bout de 50 ans 8^f50

Produit total de la plantation sur une lieue 8508^f5

Produit par mètre courant de chemin de halage et par année 0^f04

Produit par are et par année de chemin de halage 1^f00

Les prix pour l'ormeau et le peuplier sont ceux que j'ai payés et non ceux portés au projet relatif au canal attendu qu'ils sont évidemment beaucoup trop faibles, eu égard à la grosseur adoptée.

Appliquons ces données à la rivière d'Oust, (canal de Nantes à Brest), et au canal de Blavet.

La longueur totale de la rivière d'Oust canalisée est 86731^m, celle du Blavet est 59468^m, alors on a le tableau suivant. Il est clair qu'on ne tient compte que de la plantation du chemin de halage et non de celle des digues et autres dépendances du canal.

DESIGNATION DU CANAL.	Longueur du canal.	Dépense de la plantation.	Bénéfice produit au bout de 50 ans.	Dépense par mètre courant de chemin de halage.	Produit par mètre courant de chemin halage et par année.
Rivière d'Oust.	86731ᵐ	40 322.24	184313 .60	0ᶠ.46	0ᶠ.04
Rivière de Blavet......	59458ᵐ	27651ᶠ.48	129378ᶠ.00	0ᶠ.46	0ᶠ.04

Ces résultats où sont compris les frais d'entretien pendant six ans montrent de qu'elles richesses peuvent être pour les campagnies ou l'état qui possèdent des canaux, de semblables opérations bien conduites.

FRAIS
DE PLANTATION
DES
ROUTES ET CHEMINS
DU DÉPARTEMENT DES DEUX SÈVRES.
LEUR PRODUIT AU BOUT DE 50 ANS.

On a vu que pour les routes dont la largeur en couronnement est comprise entre 10ᵐ et 16ᵐ les formules qui donnent 1°, la dépense d'une plantation d'une longueur déterminée , 2°, le produit de cette plantation au bout d'un certain nombre d'années , tous frais déduits, sont:

$$\left(\frac{D}{5} + 2\right)\left(p+0.03d+C\right)$$

$$\left(\frac{D}{5}+2\right)\left\{P - \left(p+0.03\,d+C\right)\left(1+\frac{5n}{100}\right)\right\},$$

Pour les routes de 8^m de largeur les formules analogues sont

$$\left(\frac{D}{7}+1\right)\left(p+0.03\,d+C\right)$$

$$\left(\frac{D}{7}+1\right)\left\{P - \left(p+0.03d+C\right)\left(1+\frac{5n}{100}\right)\right\}$$

Enfin pour les chemins vicinaux dont la longueur est généralement de 6^m, les formules sont

$$\left(\frac{D}{10}+1\right)\left(p+0.03d+C\right)$$

$$\left(\frac{D}{10}+1\right)\left\{P - \left(p+0.03d+C\right)\right\}$$

Appliquons ces formules à toutes les voies de communication du département des Deux-Sèvres.

Dans la 1re catégorie se trouvent les routes Nationales N°s 10, 11, 22, 138, 148, 150 et la route stratégique N°1, leur longueur totale exacte est de 369549^m.

Dans la 2me catégorie se trouvent 1°. les routes stratégiques N°s 2, 9, 11, 18 dont le développement est de 184574^m. 2° les routes départementales dont la longueur totale est de 247271^m.

Dans la 3me catégorie se trouvent les chemins vicinaux, parmi lesquels il y en a de 8^m de largeur, ce sont ceux de grande communication.

Mais vu leur peu de longueur relativement aux autres, nous supposerons pour simplifier que tout ce réseau ait 6^m de largeur.

La longueur des chemins vicinaux construits en ce moment est 593272^m, lorsqu'ils seront achevés, leur longueur totale sera 936433^m.

Admettons que les arbres soient plantés avec tuteur et enbuissonnement, les essences employées presque partout seront le platane, l'ormeau, le chataignier, le hêtre-

le chène , d'après cela le prix moyen d'un plant est

$$P = \frac{0.80 + 1.10 + 1.15}{3} = 1.02.$$ La valeur de C se compose des frais inhérents au mode de plantation , qui sont de
1f.31 et des frais d'entretien pendant six ans estimés 0f60;
ainsi $C = 1.31 + 0.60 = 1^f91$. La distance moyenne des
transports est de 110 kilomètres , alors $d = 11$. Le prix
de vente de chaque pied au bout de 50 ans, sera au moins
de 20f ainsi $P = 20$, $n = 50$. D'après cela la dépense de
chaque plant pour sa mise en place et son entretien
sera $p + 0.03d + C = 3^f26$. Le bénéfice qu'il produira au
bout de 50 ans est

$$P - \left(p + 0.03d + C \right)\left(1 + \frac{5n}{100} \right) = 8^f58.$$

Appliquant ces données aux formules ci-dessus on a le tableau suivant, dans lequel il ne faut pas oublier que les
frais d'entretien de chaque plant pendant six ans sont compris.

En donnant à d pour valeur moyenne 11 on a supposé
ce qui du reste se réaliserait, que les plants seraient pris
dans au moins trois directions , une partie dans le départe-
tement même , et les autres dans ceux qui l'entourent.

On n'a point admis le peuplier comme essence à employer attendu qu'on évite autant qu'on le peut d'établir les
routes dans des positions qui conviennent à cet arbre,
ainsi son emploi sur les routes ne doit être considéré
que comme une exception , qui ne peut être prise en
considération dans des estimations de ce genre.

TABLEAU DES FRAIS ET PRODUITS DES PLANTATIONS DES ROUTES ET CHEMINS VICINAUX DU DÉPARTEMENT DES DEUX-SÈVRES.

DÉSIGNATION DES ROUTES.	Longueur.	Frais. de Plantation.	Bénéfice produit au bout de 50 ans	Frais de Plantation par mètre courant de route.	Bénéfice produit par mètre courant de route.
Routes Nationales et routes Stratégiques N°1.	369549ᵐ	240952f. 47	634163f.24	0f.65	1f.71
Routes Stratégiques.	184574ᵐ	85961f. 6	226243f.45	0f.46	1f.22
Routes Departementales	247271ᵐ	115160f. 90	303092f.19	0f.46	1f.22
Chemins Vicinaux construits actuellement	593272ᵐ	193409f. 93	509035f.96	0f.33	0f.86
Chemins Vicinaux entièrement construits.	936433ᵐ	305280f. 42	803468f.09	0f.33	0f.86

Les routes et chemins présentent en ce moment une longueur totale de 1394666^m, et exigent pour être plantés une somme de 635485^f

Au bout de 50 ans le bénéfice sera de 1672534^f84 ce qui fait un revenu de 37450f 70 par an.

Lorsque tous les chemins vicinaux seront terminés, les plantations exigeront une dépense de 747355f 75

Au bout de 50 ans elles produiront un bénéfice de 1966966f 97 ce qui fait un revenu de 39339f 33 par an.

On voit que les plantations faites sur une grande échelle et avec soin peuvent donner de très beaux revenus en même temps qu'elles sont une source de richesses pour le pays où la culture des plants est un des modes de tirer parti du sol.

Lors même que des résultats ci-dessus on retrancherait 1/10 pour les non valeurs et l'entretien des accottements qui est un peu plus dispendieux, lorsque les arbres ont atteint une certaine grosseur il resterait encore de très belles sommes pour les revenus annuels.

On ne saurait donc à mon avis trop étendre promptement les plantations sur les routes, chemins vicinaux et chemins de halage des canaux.

Les plantations des routes et canaux n'ont été jusqu'ici considérées que dans le but d'utiliser par leurs produits les accottemens des routes et les chemins de halage, mais si on examine avec quelle rapidité les bois de haute futaie disparaissent de nos forêts et à plus forte raison des domaines des particuliers, on reconnait sans peine que dans un avenir de 60 à 80 ans les plantations des voies de communication seront à même de fournir une quantité considérable de bois, soit pour entrer en consommation dans le commerce, soit pour être utilisés par les services publics, tels que la marine et l'artillerie pour laquelle certaines essences très en usage dens les plantations actuelles sont presqu' indispensables et payées en ce moment très cher par cette administration. Je veux parler des essences employées pour le charronnage.

Considerées sous ce point de vue, les plantations doivent être faites avec soin et exécutées sur une étendue aussi grande que le permettent les circonstances actuelles. D'un autre côté l'exemple que donnera aux propriétaires riverains l'administration par ses plantations sera suivi par un grand nombre d'entre eux et produira nécessairement les meilleurs effets pour la culture des arbres de haute futaie.

NATURE DU SOL

QUI CONVIENT A CHAQUE ESSENCE DE PLANT.

Une terre forte, franche ou argileuse, convient aux essences compactes, aux arbres qui végètent vigoureusement, aux bois d'une grande pesanteur tels que le chêne; le hêtre croît mieux dans les terrains légers et peu profonds, qui ne conservent que peu d'humidité; le charme demande une terre séche, mais grasse et profonde; le frêne prospère dans un terrain sabloneux et léger; l'orme dans une terre grasse et humide. Il faut au bouleau, au peuplier, au platane, et généralement aux espèces qui portent le nom de bois blancs des terrains maigres et légers. Les terres médiocres conviennent aux pins de diverses espèces, ainsi qu'au chataignier.

NOTE Iʳᵉ.

Les obstacles provenant de la saison qu'on éprouve dans les plantations, sont les pluies et les gelées. Pour faire ce travail dans une bonne condition sous le rapport de l'économie et de la réussite du plant, on ne doit pas planter en temps de pluie dans les terrains lourds et humides où on place les peupliers et les platanes attendu que la terre n'est point alors assez divisée pour bien remplir tout les vides qui existent entre les racines du plant, ce à quoi on doit chercher à arriver avec le plus grand soin. Dans cette circonstance, il faut planter les ormeaux, les chênes et hêtres qui sont placés sur les hauteurs, dans des lieux où la terre est légère et dépourvue d'une humidité constante.

Tout les plants sont sensibles par leurs racines à la gelée, mais l'arbre qui exige qu'on l'en mette à l'abri le plus parfaitement est le chataignier. Sous ce rapport, on doit effectuer les plantations de chataigniers autant que cela se peut en octobre et dans la première moitié de novembre, si cela n'est pas possible on doit chercher à éviter de lui faire subir de longs voyages dans le courant de décembre et janvier à cause des nuits qui sont toujours très froides, lors même que le jour, le temps soit propice aux plantations. Il faut avoir soin au dépôt central de recouvrir les racines des plants de chataignier de paille ou de fumier peu consommé, afin de les mettre à l'abri du contact de l'air extérieur le plus complètement possible.

NOTE 2ᵉ.

Dans des plantations bien conduites, un surveillant ne doit pas avoir à conduire plus de vingt hommes afin qu'il puisse les avoir presque toujours sous ses yeux. Cet atelier doit être ainsi composé :

Un jardinier, son aide et trois ouvriers...................................... 5

Pour aligner et placer les tuteurs......................... 4
Pour fixer les plants aux tuteurs......................... 2
Pour fixer l'enbuissonnement, deux a chaque plant........ 2
Ouvriers P ur épuiser l'eau des trous......................... 1
Pour chausser les plants......................... 2
Pour préparer les coussins en paille et les harts........... 2
Pou r faire les transports des matières diverses
et les approcher à pied d'œuvre......................... 1

Enfin une voiture à un collier et son conducteur pour transporter les tuteurs et plants des lieux de dépôt aux lieux d'emploi..................... 1
——
TOTAL..................... 20

Un plus grand nombre exigerait forcément un autre surveillant alors les frais de conduite prendraient une plus grande extension, non en rapport avec le travail produit.

NOTE 3ᵉ.

Il y a un mode d'exécution des plantations sur les canaux, dont je n'ai point parlé dans ce mémoire, attendu qu'il est peu employé. Ce mode consiste à créer des pépinières en plusieurs points d'un canal aux frais de l'administration et à mettre en place par voie de régie les sujets quelles peuvent produire.

Ce système je l'ai développé moi-même sur le canal du Blavet, qui met en communication celui de Nantes à Brest au port de Lorient et même sur ce dernier, (rivière d'Oust, deuxième section). On a été conduit à agir ainsi à une époque où l'administration laissait le soin des plantations aux ingénieurs ordinaires qui e plus souvent, faute de temps le déléguaient à leurs conducteurs chargés des détails de l'entretien d'une portion de canal. Pour utiliser quelques terrains achetés pour les canaux lors de leur construction et non remis à l'administration des domaines afin d'être vendus, on créa à grands frais des pépinières renfermant des peupliers de diverses espèces et des ormeaux. Ce système offre de grands inconvénients maintenant que les plantations sur une grande échelle sont ordonnées. Le premier consiste dans le défaut de science des agents de l'administration pour élever convenablement des plants de diverses espèces.

Le deuxième dans un emploi trop abondant d'engrais, l'argent ne leur manquant pas, ils se piquent d'amour-propre, très louable du reste, d'élever en peu de temps de beaux plants, il en résulte que ces arbres, mis dans un terrain en général loin d'être aussi fertile, ne trouvant plus dans le sol les moyens de subvenir à leur premier développement restent pendant quelque temps sans croître.

Le troisième défaut consiste dans l'étendue des pépinières. Car elles ne permettent de planter qu'un nombre assez restreint d'arbres chaque année, il en résulte que la plantation présente une série d'étage dont la hauteur va en diminuant à mesure qu'on s'éloigne de chaque pépinière, et en outre il faut un long temps pour parvenir à avoir une plantation d'une certaine long ur.

Le quatrième inconvénient consiste dans les frais énormes d'entretien, sur lesquels je n'ai pas besoin d'insister; malgré tout ces défauts je me suis, dans le temps, laissé glisser sur la même pente que mes devanciers.

Ces pépinières sont trop considérables pour l'entretien d'une plantation régulière attendu qu'autour des maisons d'écluse, l'administration s'est réservée un petit jardin pour subvenir aux besoins de l'éclusier, lequel peut donner place à un nombre assez considérable de plants que l'éclusier doit être forcé d'entretenir à ses frais, afin de remplacer les arbres morts sur la partie du canal soumis à sa surveillance, car en même temps qu'ils font les manœuvres des portes, ils remplissent les fonctions de garde du canal, et tous sont assermentés. Ainsi, à mon avis l'état aurait avantage à annuler ces pépinières, à vendre le terrain. Un pareil mode n'est nullement applicable sur les routes, ni pour les plantations, ni même pour leur entretien, il vaut mieux laisser à l'industrie agricole le soin de fournir tout les plants dont les voies de communication de quelque nature quelles soient peuvent avoir besoin.

NOTE IV*.

Au commencement de ce mémoire, j'ai annoncé qu'un crédit de 5,000 fr. avait été mis à disposition tandis que j'arrive à une dépense de 5261 fr. 89. L'excédant 261 fr. 89 représente à très peu près les frais de surveillance qui ont été payés sur les fonds de la première catégorie, en sorte qu'il n'y a en effet que 5,000 fr. à figurer sur la deuxième qui renferme les dépenses en plantation, mais dans mon estimation j'ai dû comprendre tous les frais qu'elles que soient les catégories, où on ait pris les fonds pour les solder.

NOTE V^e

La plantation la plus économique qui ait été faite sur le canal de Nantes à Brest, a eu lieu l'année dernière sur la première section de la rivière d'Oust, elle se composait de 900 plants, savoir 425 chataigniers, 425 chêne et 50 mélèzes, ayant 0ᵐ. 10ᵉ. à 0ᵐ. 12ᵉ. de circonférence à 1ᵐ. du sol.

Ces plants ont été achetés et mis en place moyennant 0 f. 50 par pied, ce prix est détaillé ainsi qu'il suit :

Achat et transport................................	0 fr.	35 c.
Façon de trou...............................	0	10
Mise en place...............................	0	05
TOTAL.........	**0 fr. 50 c.**	

Tout les plants ont été pris dans un rayon de un myriamètre

Si ont eut appliqué en cette circonstance la formule qu'on a trouvée sur le canal de Nantes à Brest, pour le prix d'un plant, $p. + 0.03 d. + 0.30$, on eut eu $0.32 + 0.03 + 0.30 = 0.$ fr. 65. Résultat qui excède celui auquel on est parvenu dernièrement de 0. fr. 15 c.

Cette différence provient 1° de ce que pour une plantation aussi peu considérable, on n'a pas tenu compte des faux frais estimés 0f. 05° 2° de ce que l'on n'a pas tenu compte des frais de transport vu le peu de distance des lieux d'extraction enfin de ce qu'on n'a pas porté 0f. 10 pour la terre végétale nécessaire aux plants, attendu que très probablement le terrain permettait qu'on s'en dispensât. On voit donc, d'où proviennent les réductions qui ont eu lieu pour ce petit travail, où l'entrepreneur a fait encore un assez beau bénéfice, réductions qu'on ne peut admettre pour des plantations faites sur une grande echelle à cause de la variété du sol qu'on a à traverser.

Le prix minime de 0. fr. 35 c. par plant s'explique aisément, 1° par la faible dimension des plants; 2° par ses diverses essences dont se compose la plantation, en sorte que dans un pays aussi riche, et aussi bien boisé que le sont les belles propriétés bordant la première section de la rivière d'Oust, il était très facile de se les procurer à un prix aussi faible, ajoutant à cela pour terminer cette explication que les denrées ordinaires se vendant à cette époque à très bas prix, les propriétaires et les fermiers, aimaient mieux vendre leurs jeunes plants, même au prix si minime de 0. fr. 35 c., plutôt que d'avoir à subir les frais de leur transplantation en d'au'res points de leurs propriétés. Observons que pour une plantation considérable, et où l'administration tiendrait à avoir de beaux plants tant par leur venue que par leur grosseur, on serait obligé d'avoir recours aux pépiniéristes, et par suite de payer des prix analogues à ceux que j'ai indiqués

Le prix de 0 f. 50° par plant, conduit à la formule $p. + 0.03 d. + 0.15$ pour une plantation faite en Bretagne par des propriétaires qui font faire ces travaux par leurs journaliers ordinaires, n'ayant à payer que la fourniture du plant et son transport. Dans les autres parties de la France, où la main-d'œuvre est d'un tiers plus élevée, il faut avoir recours à la formule p. + o. 3 d + o. 20.

Ainsi supposons dans ce dernier cas, qu'un propriétaire ait à planter 400 chataigniers, quelle sera sa dépense ? Admettons que le cent de chataigniers tels qu'ils sont débités dans le commerce, coûte pris chez le pépiniériste 60 fr. et que la distance du transport soit de 6 lieues, c'est-à-dire 24 kilomètres, alors dans la formule remplaçons, p. par o. fr. 60 c., et d par 2,40 en obtient pour le prix de chaque plant mis en place o. fr. 87 c., En sorte que ce propriétaire aura à faire une dépense de 348 fr. 00 pour effectuer sa plantation. Si on eut pris la formule de p. + o. o 3 d + o. 15, applicable en Bretagne, le même travail dans des circonstances identiques eut coûté 328 f. 00.

NOTE VI.

Pour mettre sur les promenades publiques, les plants à l'abri des coups des enfants qui s'y amusent, ou des passants mal intentionnés, on peut employer avec succès des étuis en treillage métallique de un mètre 50 de hauteur. Ce mode de défense auquel on peut donner des formes très gracieuses n'entraîne pas dans des frais considérables et est infiniment plus propre que les épines mises même avec tout le soin possible. Ce système qui a parfaitement réussi sur certains boulevarts à Paris où on l'a employé, n'est pas applicable sur les routes, d'abord à cause de la dépense, puis ensuite, parceque les tiges de fer qui y entrent seraient un appât auquel ne résisteraient pas bien des gens qui n'ont pas les moyens de se pourvoir de ce qui leur en est nécessaire, et pour qui une surveillance comme celle dont peu disposer l'administration des ponts-et-chaussées serait une certitude de n'être pas surpris en flagrant délit.

NOTE VII.

En traitant de la surveillance des plantations des routes, on n'a point indiqué la peine à laquelle s'exposerait quiconque couperait un arbre, situé sur un lieu public tel que place, promenade, quai, route, ou chemin. D'après l'article 445 du code pénal, quiconque a abattu un ou plusieurs arbres, qu'il savait appartenir à autrui, est puni d'un emprisonnement dont la durée est comprise entre six jours et six mois. Enfin l'article 448 fixe le minimum de la peine à vingt jours, si les arbres étaient plantés sur un des lieux indiqués ci-dessus.

Le seul fait d'ébrancher sans autorisation un ou plusieurs arbres dépendant de la voie publique constitue un délit qui doit être constaté par un procès-verbal des agents de l'administration et puni par le conseil de préfecture, (ordonnance royale du 22 juin 1825.)

NOTE VIII.

Les plantations des routes et canaux reconnues en principe comme d'excel_ lentes opérations, il reste à trouver le moyen de les effectuer là où elles sont possibles dans un court délai. Généralement les fonds d'entretien des routes sont si réduits qu'on ne peut pas penser à en consacrer une partie quelque minime quelle soit à effectuer des plantations, en sorte qu'il faut des fonds spéciaux. Mais vu que ces travaux exigent un long temps avant de produire quelqu'avantage et que bien d'autres sont réclamés d'urgence par les populations riveraines, on ne peut d'ici longtemps espérer voir par le procédé actuel, les plantations faites sur une grande échelle. Pour remédier à cet inconvénient ne serait-il point possible d'abandonner à l'industrie le soin entier de planter les routes à ses frais, sauf bien entendu à imposer à l'entrepreneur ou à la compagnie qui solliciterait la concession d'une plantation des conditions en relation avec les besoins de la route et les intérêts du trésor public?

Conditions principales à imposer au concessionnaire :

1. Les plants seraient placés suivant des alignements donnés par les ingénieurs et espacés à des distances fixées par ces fonctionnaires.

2. Les essences d'arbres seraient indiquées par l'administration pour chaque partie de route.

3. Le concessionnaire serait tenu de les planter avec les soins détaillés au cahier des charges.

4. L'entretien serait à sa charge et fait sous les yeux des agents de l'admi_ nistration.

5. L'élagage serait fait chaque année, aux époques fixées par le préfet et sous les yeux des agents des ponts-et-chaussées. Les produits lui appartiendraient de droit.

6. Dans le cas où un arbre périrait il serait tenu de le remplacer à ses frais, dans un délai fixé au cahier des charges sous peine de voir ce remplacement fait à ses frais par l'administration.

7. Les arbres mis sur la route n'appartiendraient plus au concessionnaire qui n'en n'aura le produit qu'à l'époque où l'administration aura reconnu qu'ils sont bons à abattre et qu'ils ne peuvent plus que dépérir.

8. L'administration se réserverait le droit de les abattre en tout temps si elle le jugeait convenable, sauf à indemniser le concessionnaire à dire d'experts.

9. Enfin le gouvernement lors de l'abattage se réserverait le droit d'en disposer pour les services publics, qui en feraient la demande sans avoir à courir les chance d'une vente par adjudication au profit du concessionnaire Le prix de chaque arbre serait réglé à dire d'experts.

10. Ces concessions seraient faites par voie d'adjudication et celui qui offrirait de payer annuellement la somme la plus elevée dont le minimum serait fixé au cahier des charges, serait déclaré concessionnaire moyennant en outre

un cautionnement égal au vingtième du montant des frais de la plantation concédée.

Telles sont très sommairement les conditions qu'on pourrait imposer pour des concessions de ce genre dont les durées seraient fixées au cahier des charges.

Je ne vois pas d'inconvénients à ce procédé qui serait le plus prompt pour arriver à planter complétement nos voies de communications.

FIN.

OUVRAGES DU MÊME AUTEUR.

En vente chez **CARILLAN-GOEURY**, libraire à
PARIS quai des Augustins N° 49.

Traité des lignes du second ordre (*ellipse*, *parabole*,
hyperbole) .... 15 f. 00.

Essai sur les fonctions elliptiques, la 1re livraison
seule est parue .... 5 f. 00.

Aide Mémoire sur les ponts suspendus, *cet ouvrage
d'une utilité réelle est prêt d'être mis sous presse, et paraîtra
dans le courant de l'année 1851* .... 6 f. 00.

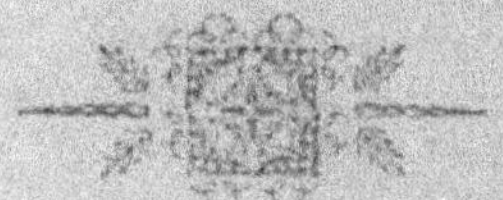

www.ingramcontent.com/pod-product-compliance
Ingram Content Group UK Ltd.
Pitfield, Milton Keynes, MK11 3LW, UK
UKHW022118170726
13837UKWH00003B/1244